Gerhard Greß

Verkehrsknoten Freiburg

und seine Umgebung in den fünfziger und sechziger Jahren

EISENBAHN KURIER
VORBILD UND MODELL

EK-Verlag

Titel: Triebwagen Tw 61 der Freiburger Straßenbahn wartet in Günterstal auf die Abfahrt nach Zähringen (oben links). Oben rechts ist ein Diesel-Schnelltriebzug der Bauart SVT 06 als Ft 46 „Schauinsland" im Freiburger Hauptbahnhof auf dem Weg in die Schweiz. Die Aufnahme unten links zeigt die Personenzuglok 39 147 vor einem Eilzug nach Karlsruhe. Zur Anbindung der großen Eisenbahn an den Freiburger Nahverkehr gab es neben der Straßenbahn auch den Busbahnhof (rechts unten) im Schatten der Stühlinger Brücke.

Rücktitel: Die Höllentalbahn ist mit Freiburg untrennbar verbunden. Im September 1968 ist 145 168 mit dem Personenzug aus Neustadt in Freiburg eingetroffen.

Die Aufnahmen stammen – sofern nicht anders bezeichnet – aus dem Fotoapparat oder aus dem Archiv des Autors.

Literatur:

A. Kuntzemüller, „Die Badischen Eisenbahnen", Selbstverlag, Freiburg 1940

A. Kuntzemüller, „Die Badischen Eisenbahnen", Verlag G. Braun, Karlsruhe 1953

H.-W. Scharf/B. Wollny, „Die Höllentalbahn", EK-Verlag, Freiburg 1987

G. Wolff/H.-D. Menges, „Deutsche Klein- und Privatbahnen", Band II – Baden, EK-Verlag, Freiburg 1992

ISBN: 978-3-8446-6310-5

Bildbearbeitung: Rico Schreiber

Unser Gesamtverzeichnis erhalten Sie kostenlos unter

Telefon 0761-70 31 00 oder unter service@eisenbahn-kurier.de

EK-Verlag – EK Medien GmbH

Munzinger Str. 5a • D-79111 Freiburg • www.eisenbahn-kurier.de

Inhaltsverzeichnis

TOUROPA
TOUROPA
STÄDTISCHE STRASSENBAHN

Sehr geehrte Leserinnen und Leser,

um es gleich vorweg zu sagen: Dieses Buch erhebt keinen Anspruch auf Vollständigkeit. Es enthält auch keine Statistiken und Tabellen. Es will nichts anderes sein als eine Bilddokumentation über eine – so meine ich – besonders interessante Epoche in meiner Heimatstadt Freiburg und ihrer herrlichen Umgebung: Die fünfziger und sechziger Jahre. Es war eine Zeit des Aufbaus nach dem Zweiten Weltkrieg, der Erneuerung in vielen Bereichen des täglichen Lebens, des Strukturwandels auf Schienen und Straßen.

Das Fotografieren von Eisenbahnen, Straßenbahnen und Bussen war noch nicht so selbstverständlich wie heute, und manchmal wurde man sogar hinter vorgehaltener Hand belächelt. Dessen ungeachtet war alles, was Räder hatte, von besonderem Interesse für mich, und es wurde früh zu einem faszinierenden Hobby, das anfangs fast noch ein Abenteuer war. Die direkte Nachbarschaft zur Hauptstrecke Mannheim – Basel übte wohl von Kindesbeinen an den entsprechenden Einfluß auf mich aus. Besonders gerne mochte ich das auf- und abschwellende „Singen" in den großen Telegrafenmasten, wenn man sein Ohr an das Holz legte. Woher mochten diese Laute kommen, und wohin gingen sie? Sie waren so etwas wie ein Inbegriff von Ferne und Reisen. Für mich standen sie am Beginn des „Abenteuers Eisenbahn". Meinem Vater blieb das bevorzugte Interesse seines „Filius" offensichtlich nicht verborgen. Bei Bahnfahrten stiegen wir daher möglichst in den Wagen direkt hinter der Lok, denn hier war man unmittelbar „bei der Sache", und die Gefahr, Rußkörner ins Auge zu bekommen, war wesentlich geringer als weiter hinten. Mit dem ersten Fotoapparat begann Mitte der fünfziger Jahre das Hobby „Eisenbahnfotografie", zu dem natürlich auch das „ganze Drumherum" wie Straßenbahnen und Omnibusse gehörte.

Aufnahmen finden immer erst dann die gebührende Beachtung, wenn sie Situationen zeigen, die nicht mehr nachvollzogen werden können. Vieles, was in den Nachkriegsjahren in Freiburg aufgebaut wurde und den Menschen vertraut geworden ist, verschwand wieder im Laufe der letzten 20 Jahre. Manches schöne Gebäude der Gründerzeit, das 1944 nur knapp der Zerstörung entging, mußte grobschlächtigen, gesichtslosen Betonklötzen weichen, die was weiß ich wo stehen könnten und den Charakter der Stadt nachteilig veränderten. Nun sollte man meinen, daß aus solchen Fehlern auch Lehren gezogen wurden. Als vor Jahren in die Planung des zur Zeit entstehenden neuen Hauptbahnhofes (wieder ein Betonklotz!) die wunderschöne schmiedeeiserne Bahnsteigüberdachung von 1845 mit einbezogen wurde, war ich hocherfreut. Was gibt es schöneres, als altes und neues miteinander zu verbinden? Alle Kriege und „Kahlschläge" hatte sie überdauert. Nun wird auch sie von ihrem angestammten Ort entfernt. Erst nach der Aufstellung einer neuzeitlich-aalglatten Überdachung wird auffallen, daß hier eines der letzten, liebenswerten Kleinode der Freiburger Eisenbahngeschichte verloren gegangen ist.

Die auf den ersten Seiten angeschnittene Geschichte der Eisenbahn in Freiburg wollte ich als „erweitertes Vorwort" darstellen, um die Zeit nach 1945 besser verständlich zu machen. Lassen Sie sich nun von der Atmosphäre Freiburgs und seiner schönen Umgebung festhalten. Vielleicht ist auch eine Aufnahme aus „Ihrer Ecke" mit dabei, oder zumindest ganz aus Ihrer Nähe. Darüber würde ich mich natürlich besonders freuen.

Freiburg, im November 1997
Gerhard Greß

Nachtrag
Immer wieder wurden wir nach dem längst vergriffenen Buch „Verkehrsknoten Freiburg" gefragt. Der leider inzwischen verstorbene Gerhard Greß hatte damals mit seiner liebevollen Hommage an unsere Heimatstadt Freiburg die EK-Reihe Verkehrsknoten eröffnet. Nun legen wir die inhaltlich und redaktionell unveränderte Neuauflage vor. Die damals noch eingekauften Scans haben wir behutsam überarbeitet. Im Gedenken an unseren ehemaligen Kollegen,

Redaktion Eisenbahn-Kurier, im Januar 2026

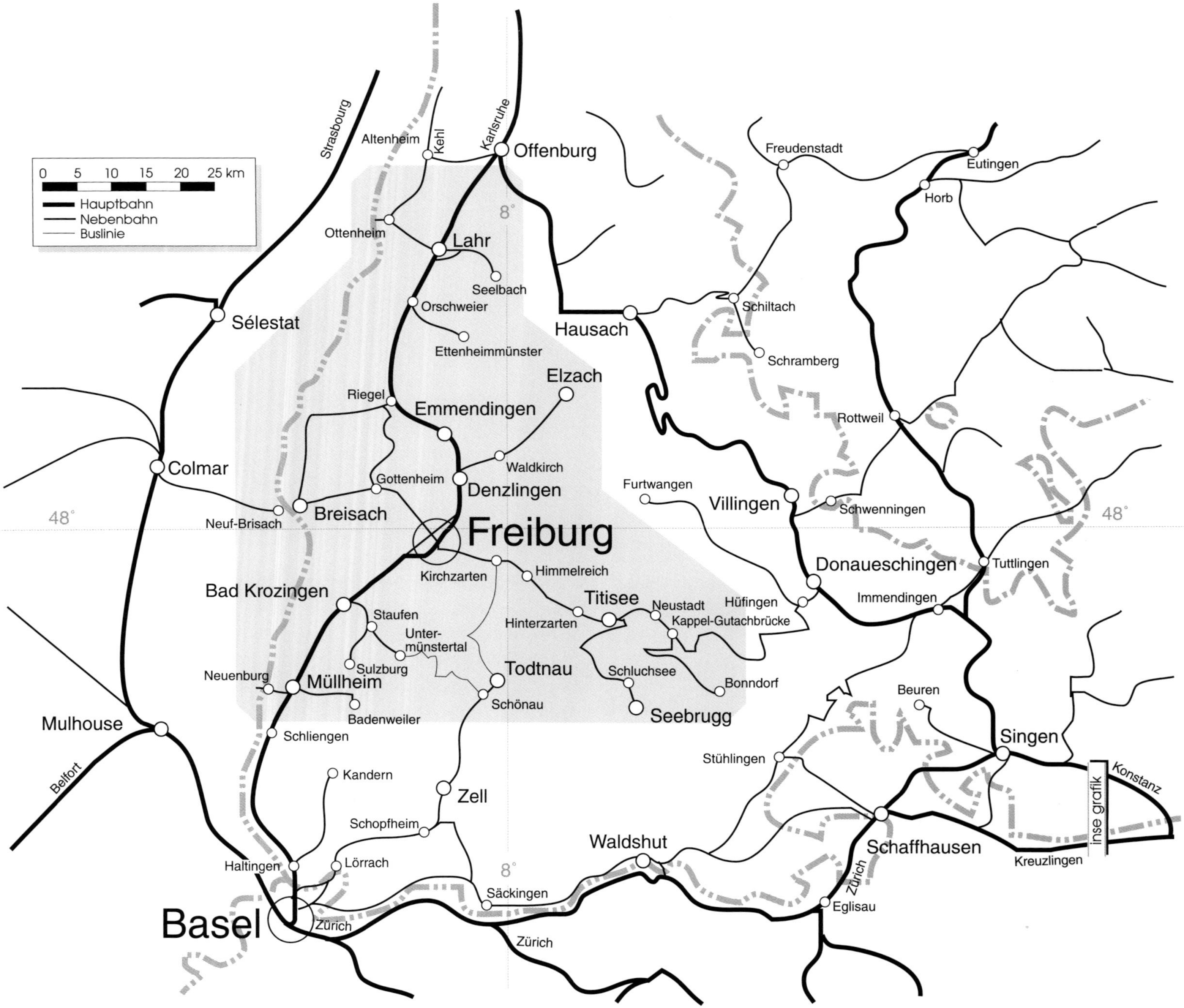
0 5 10 15 20 25 km
Hauptbahn
Nebenbahn
Buslinie
Strasbourg
Altenheim
Kehl
Karlsruhe
Offenburg
Ottenheim
Lahr
Seelbach
Orschweier
Ettenheimmünster
Sélestat
Hausach
Freudenstadt
Eutingen
Horb
Schiltach
Schramberg
Elzach
Riegel
Emmendingen
Waldkirch
Gottenheim
Denzlingen
Colmar
Breisach
Neuf-Brisach
Freiburg
48°
8°
Furtwangen
Villingen
Rottweil
Schwenningen
Donaueschingen
Tuttlingen
Kirchzarten
Himmelreich
Bad Krozingen
Titisee
Neustadt
Hüfingen
Immendingen
Staufen
Hinterzarten
Kappel-Gutachbrücke
Unter-
münstertal
Sulzburg
Todtnau
Schluchsee
Bonndorf
Neuenburg
Müllheim
Schönau
Seebrugg
Badenweiler
Beuren
Mulhouse
Schliengen
Singen
Stühlingen
Konstanz
Belfort
Kandern
Zell
inse grafik
Schopfheim
Waldshut
Schaffhausen
Kreuzlingen
Haltingen
Lörrach
Zürich
Säckingen
Eglisau
Basel
Zürich
Zürich

Wie alles begann

30. Juli 1845. Die Kanonenschüsse waren in der ganzen Umgebung zu hören. Aber sie wurden nicht auf irgendwelche feindliche Truppen abgeschossen, die über Jahrhunderte hinweg immer wieder Freiburg belagerten – und manchmal auch einnahmen. An diesem Tag galten sie einem freudigen und hoffnungsvollen Ereignis: dem ersten, mit Blumen und Girlanden geschmückten Eisenbahnzug, der aus Richtung Karlsruhe – Offenburg kommend pünktlich um 12^{40} den Bahnhof Freiburg erreichte.

Das Zischen der bremsenden Lokomotive „Zähringen", die schmetternde Festmusik des Garderegiments und der Salut vom Schloßberg vermischten sich mit den Hochrufen der vollständig erschienenen Bevölkerung auf den badischen Landesherrn, Großherzog Leopold mit seinen Söhnen, und gaben dieser Stunde somit auch einen akustischen Rahmen. Mit stolzgeschwellter Brust streifte sich Bürgermeister Friedrich Wagner seine weißen Handschuhe über, um die „Erlauchten" zu begrüßen und „in die neue Station zu geleiten".

Aber es gab sicher auch viele Menschen, die der neuen Zeit skeptisch gegenüberstanden. Sie konnten nicht ahnen, welche Bedeutung die Eisenbahn für sie und ihre Zukunft hatte. Zehn Jahre, nachdem die erste Eisenbahn in Deutschland zwischen Nürnberg und Fürth das Zeitalter des Schienenverkehrs eröffnete, hatte auch Freiburg „seine Eisenbahn" erhalten.

Zunächst war man in den Köpfen der Regierenden und Landstände alles andere als eisenbahnfreundlich eingestellt. Als 1831 der fortschrittlich denkende Dekan und Abgeordnete Gottlieb Bernhard Fecht einen Vortrag über den „Siegeszug der Stephensonschen Lokomotive" und der „Liverpool-Manchester-Eisenbahn" hielt und dabei auch Gedanken äußerte, daß dieses neue Verkehrsmittel möglichst rasch auch in Baden seinen Einzug halten sollte, stand er mit seinen Ansichten praktisch alleine da. Seine Eingaben zu den parlamentarischen Verhandlungen in den Jahren 1833 bis 1835 mußten zwar – wie alle Anfragen – behandelt werden, brachten jedoch keine Fortschritte. Immerhin bewirkten sie, daß bei den Abgeordneten ein „gewisses" Interesse für die Eisenbahn geweckt wurde.

Als 1837 eine linksrheinische Eisenbahn durch das benachbarte Elsaß von Straßburg nach Basel projektiert wurde, ging endlich auch der badischen „Obrigkeit" das berühmte „Licht" auf. Nun konnte natürlich alles, was man jahrelang naserümpfend vor sich hergeschoben hatte, gar nicht schnell genug gehen! Am 10. Februar 1838 wurde der Landtag vom Großherzog zu einer außerordentlichen Sitzung einberufen, und schon am 22. März 1838 (!) konnte das „Grundlegende Eisenbahngesetz" verabschiedet werden. Artikel 1 besagte: Von Mannheim über Heidelberg, Karlsruhe, Rastatt, Offenburg, Dinglingen und Freiburg bis zur Schweizer Grenze bei Basel wird eine Eisenbahn erbaut, und Kehl durch eine Seitenbahn mit der Hauptbahn verbunden. Der Freiburger Historiker Karl von Rotteck (1775 – 1840) war einer der wenigen Abgeordneten, der schon früh den Gedanken Fechts folgen konnte. Er prägte bereits während des Landtages von 1835 – der noch zu keinen (Eisenbahn-) Beschlüssen fähig war – den Begriff „Staatsbahn", der dann auch übernommen wurde.

Am 12. September 1840 wurde die erste badische Eisenbahnstrecke zwischen Mannheim und Heidelberg eröffnet. Es folgten 1843 die Abschnitte Mannheim – Karlsruhe, 1844 Karlsruhe – Offenburg und Oos – Baden, 1845 Appenweier – Kehl und Offenburg – Freiburg, 1848 Freiburg – Efringen, 1851 Efringen – Haltingen. Basel wurde 1855 erreicht. Das Streckenetz umfaßte nun 290 Kilometer, 273 davon waren zweigleisig ausgebaut.

Bei der Wahl der Spurbreite unterlief den Badenern jedoch ein kapitaler Fehler, der schon bald mit großem Kostenaufwand revidiert werden mußte. Alle bis dahin eröffneten deutschen Bahnen hatten ein Normmaß von 1435 Millimetern. Es läßt sich heute kaum noch nachvollziehen, warum man in Baden die Spurbreite von 1600 Millimetern, das sind 5 1/3 badische Fuß, wählte. 66 Lokomotiven und Tender, 1133 Wagen, 79 Kilometer einspurige und 203 Kilometer doppelspurige Strecken, 11 Haupt- und 22 mittlere Stationen mit allen Gleisen und Weichen mußten umgebaut werden. Im Mai 1854 wurde mit dem „Gewaltakt" begonnen und knapp ein Jahr später, am 15. April 1855, beendet. In dieser Zeit wurde auf den Strecken gleichzeitig zweispurig gefahren – ohne Zwischenfälle. Es war eine technische Meisterleistung ersten Ranges, trotz der höchst peinlichen Ursache. Bezüglich der Streckenführung nach Freiburg hatte es vor Baubeginn mehrere Ansichten gegeben, die übrigens in heutiger Zeit bei der Planung der Neubau- und Ausbaustrecken wieder debattiert wurden. Die westliche Trasse sollte von Riegel nach Hartheim führen, die mittlere etwa von Kenzingen über Gottenheim und Tiengen nach Biengen/Krozingen sowie die östliche, die letztendlich – und zum Glück für Freiburg – ausgeführt wurde. Diese Entscheidung – die sehr knapp ausfiel – war der Redegewandheit und Kompetenz Karl von Rottecks zu verdanken, denn die Streckenführung über Freiburg war nicht nur länger und kostspieliger, sondern hatte auch eine Steigung, die bei der Leistung der damaligen Lokomotiven berücksichtigt werden mußte.

Der bekannte Schwarzwald-Maler Alfred Dischler verewigte auf einem Gemälde gegen Ende des 19. Jahrhunderts den Freiburger Hauptbahnhof in seiner ursprünglichen Bauform. Die Spuren im Schnee stammen allerdings noch von Kutschen, denn die elektrische Straßenbahn wird hier erst Jahre später auftauchen.

Die ersten Stationsgebäude der Badischen Staatsbahn wurden nach den Plänen des Professors der Technischen Hochschule Karlsruhe, Friedrich Eisenlohr (1805 – 1855) errichtet. So entstand in den Jahren 1844 bis 1846 im Stil des späten Klassizismus der Bahnhof in Freiburg. Auch die Gebäude in Emmendingen und Kenzingen weisen diese Baumerkmale auf und sind bis heute erhalten geblieben. Schon während seiner Fertigstellung kritisierten die Landstände den Freiburger Bahnhof „ob seiner Opulenz". Man war der Meinung, daß diese und etliche andere Stationen der Badischen Staatsbahn reichlich überdimensioniert wären, die größeren Städte auf Kosten des Landes stets bevorzugt werden und „solcherart das Staatsvermögen sträflich vergeudet würde".

Schon nach wenigen Jahren zeigte sich allerdings, daß die – im Vergleich zu Württemberg – reichlich bemessenen Anlagen einen wesentlich zügigeren Alltagsbetrieb gestatteten und dem ständig wachsenden Eisenbahnverkehr entsprachen. Bereits 1847 mußte in Freiburg ein zweites Bahnhofsgleis verlegt werden. 1861 wurde der Bahnhof ausgebaut und gleichzeitig die Wartesäle wesentlich erweitert. Mit der Eröffnung der Bahnlinie nach Breisach (– Kolmar/Elsaß) folgte das dritte Gleis und ein zweiter Bahnsteig. 1875 war die Strecke – zunächst nach Waldkirch – später bis Elzach fertiggestellt, 1885 wurde der zweite Bahnsteig überdacht, und überlebte sogar das Jahr 1944. Im westlichen Gleisfeld – entlang der Wenzinger Straße – standen die Remisen für die in Freiburg beheimateten Lokomotiven, besser bekannt unter dem Namen Bahnbetriebswerk. Nach der Eröffnung der Höllentalbahn 1887 wurde der Bahnhof Freiburg endlich zum Hauptbahnhof befördert.

Mit der Fertigstellung des Elektrizitätswerkes in der Eschholzstraße war auch in Freiburg die Stunde der elektrischen Straßenbahn gekommen. Am 14. Oktober 1901 begab sich – festlich geschmückt – der erste Wagen auf die Eröffnungsfahrt. Auf vier Linien wurde mit 27 Triebwagen der planmäßige Betrieb aufgenommen. 1928 hatte das Streckennetz der Straßenbahn mit rund 20 Kilometern für 55 Jahre seine größte Ausdehnung erreicht.

In den siebziger Jahren, also zu einer Zeit, als viele Städte ihre scheinbar „antiquierten" Straßenbahnen abschafften, setzte man in Freiburg auf dieses umweltfreundliche Verkehrsmittel und plante den Bau neuer Strecken. Heute hat sich die Stadtbahn zu einem hochmodernen Verkehrsmittel entwickelt und ist aus unserem Alltag nicht mehr

Als 1885 der (alte) Wiehrebahnhof an der zwei Jahre später eröffneten Höllentalbahn errichtet wurde, gab es in Blickrichtung Osten außer Wiesen und Feldern kaum etwas zu sehen. Vor dem fast fertigen Güterschuppen versammelten sich die beteiligten Arbeiter und Eisenbahner – unter denen auch ein Vorfahre von mir abgebildet ist – zu einem Erinnerungsfoto. Der Anlaß für die mit einem Faß Bier gekrönte Feier könnte der Abschluß der Gleisverlegung im Bahnhof Wiehre gewesen sein. Die Lokomotive wurde 1855 unter der Fabrik-Nummer 22 bei der Firma Kessler in Karlsruhe gebaut und lief zunächst unter der Betriebs-Nummer 80 mit dem Namen „Kandel". Sie wurde der Gattung Xa, später VIIb, zugeordnet. Der Tender mit der Nummer 154 stammte offensichtlich von einer anderen Maschine. Die Aufnahme spiegelt einzigartig Zeit und Menschen der Gründerjahre wieder. Der Güterschuppen wurde 1972 abgerissen.

Die Höllentalbahn war trotz der langen Fahrzeiten ein erheblicher Fortschritt und für die Gemeinden östlich Freiburgs der direkte Anschluß an die Badische Hauptbahn und damit an „die große weite Welt“. Die (handcolorierte) Aufnahme zeigt den bekannten Überblick oberhalb des Bahnhofs Höllsteig kurz nach der Fertigstellung. Der vor dem Bau der Bahnstrecke verbreiterte Weg ist noch nicht asphaltiert.

wegzudenken. So manche Großstadt in Deutschland wird diesbezüglich neidvoll nach Freiburg schauen.

Dagegen blieben die Gleisanlagen im Hauptbahnhof lange hinter den eigentlichen Erfordernissen zurück. 1910 gab es zwischen der Badischen Staatsbahn und der Stadt Freiburg Verhandlungen über die Errichtung eines der „Hauptstadt Oberbadens" entsprechenden Bahnhofs, denn die Betriebsverhältnisse verschlechterten sich von Jahr zu Jahr. Pläne wurden ausgearbeitet, aber die entscheidenden Fragen – die sich übrigens in der Zeit um 1970 wiederholten – ob Erweiterung, Ausbau, Beibehaltung des Standortes

Dicht gedrängt standen um 1890 auf der Westseite des Freiburger Hauptbahnhofs die Lokomotivremisen des alten Bahnbetriebswerkes. Erst als 1931 die Lokomotivunterhaltung in die neuen Anlagen an der Basler Straße verlegt wurden, konnten die Gebäude in der Wenzinger Straße abgebrochen und die dringend erforderliche Erweiterung der Bahnsteige im Hauptbahnhof vorgenommen werden.

oder Verlegung in den Westen der Stadt, blieben durch die beiden Weltkriege und ihre Folgen unbeantwortet – und konnten bis 1997 „ad acta" gelegt werden.

Für den unterentwickelten und überlasteten Hauptbahnhof brachte der 1905 eröffnete Rangierbahnhof im Westen der Stadt eine wesentliche Erleichterung. Die neue, großzügige Anlage wurde im Rahmen der gleichzeitig erbauten Güterumgehungsbahn Gundelfingen – Freiburg Rangierbahnhof – Leutersberg errichtet und entwickelte sich zur großen Verteilerstation im Güterverkehr der gesamten Region. Ein mächtiger, in reinstem Jugendstil errichteter Lokschuppen beherbergte das Bahnbetriebswerk Freiburg Rbf und seine Lokomotiven.

Nun hat auch Freiburg seine elektrische Straßenbahn. Die Straßenbahnlinien B (Hauptbahnhof – Schwabentorbrücke – Lorettostraße) und C (Hauptbahnhof – Schwabentorbrücke – Bleicheweg) wurden am 2. Dezember 1901 eröffnet.

Am 17. Juni 1909 wurde die Linie 5 vom Siegesdenkmal zum Hauptbahnhof eröffnet und am 1. September 1909 bis zum Stühlinger Kirchplatz erweitert. Die Aufnahme aus dieser Zeit zeigt die Anordnung der umfangreichen Lokomotivremisen links und rechts der Stühlinger Brücke.

Das erste Betriebsjahr der Linie C (Hauptbahnhof – Schwabentorbrücke – Bleicheweg). Am Gasthof Bären in Oberlinden, dem – nachweisbar – ältesten Gasthof Deutschlands, rumpelt 1902 Triebwagen (Tw) 26 vorbei. Die Freiburger verliehen ihrer Straßenbahn aufgrund des harten Fahrgeräusches den freundschaftlich gemeinten Namen „Hobel". Man fuhr also nicht etwa mit der „Elektrischen" oder „Tram" ins Geschäft oder Theater, sondern mit dem „Hobel". Diese Ausdrucksweise hielt sich auch noch zur Zeit der Verbandstriebwagen, geriet aber – wohl durch den technischen Fortschritt und die ruhiger laufenden Fahrzeuge – etwas in Vergessenheit. Immerhin ist es eine nette Erinnerung an die gute alte Straßenbahn. Tw 26 wurde später zum Beiwagen umgebaut und bekam die Nummer 109.

Am Ablaufberg Süd des neuen Freiburger Güterbahnhofs stand 1909 voller Stolz das Personal auf einer Rangierlokomotive der Gattung Xb. Damals war eine Aufnahme etwas besonderes. Rechts die Ausschreibung für den Bau des Lokschuppens in einer Freiburger Tageszeitung von 1904.

Ein weiterer wesentlicher Schritt war das neue Bahnbetriebswerk Freiburg Pbf in der Basler Straße, das 1931 dem Betrieb übergeben wurde. Durch den Abriß der alten Bw-Anlagen in der Wenzinger Straße konnten endlich die Gleisanlagen und Bahnsteige im Hauptbahnhof so erweitert werden, daß normale Verhältnisse eintraten.

Das nächste große Vorhaben in Sachen Bahnbau war die Verlegung der Höllentalbahn. Neun schienengleiche Bahnübergänge im Stadtbereich – darunter eine Kreuzung mit der Straßenbahn in der Günterstalstraße – machten eine Neutrassierung unbedingt erforderlich. Die neue Strecke mußte durch zwei Tunnel geführt werden – den Sternwald- und den Lorettobergtunnel. 1934 konnte die optisch und technisch hevorragend gelungene Strecke dem Betrieb übergeben werden, die bis zum neuen Bahnhof Wiehre zweigleisig ausgelegt wurde.

Die Elektrifizierung der Höllentalbahn zwischen Freiburg und Neustadt (Schw) steht bereits wieder am Ende einer hoffnungsvollen Bahn-Entwicklung, die mit dem Ausbruch des Zweiten Weltkrieges zu Ende ging. 1936 wurde von der Deutschen Reichsbahn auf der Höllentalbahn zwischen Freiburg und Neustadt (Schw) bzw. Seebrugg ein Großversuch begonnen, eine Vollbahn mit dem 50-Hertz-Wechselstrom der allgemeinen Elektrizitätsnetze zu betreiben. Dieser Betrieb dauerte bis 1960 und führte zu vielen Erkenntnissen, die von der Bahnindustrie zum Bau moderner Lokomotiven verwertet werden konnten.

Vieles hat sich seitdem verändert in Freiburg und seiner Umgebung, aber ich wollte eigentlich die Bilder sprechen lassen – und sie sollen nun „zu Wort" kommen.

Großh. Bad. Staatseisenbahnen.

Vergebung von Bauarbeiten.

Zur Erstellung eines Lokomotivschuppens für 42 Maschinenstände, mit angebauten Aufenthalts- u.s.w. Räumen auf dem neuen Güterbahnhof zu Freiburg im Breisgau haben wir weiter zu vergeben:

a) das Erstellen eines eisernen Dachstuhles über den 58,40 m langen, 24,20 m breiten Schiebebühnenraum, sowie das Liefern und Montieren von 20 Stück 43,20 m langen und 2,50 m breiten Dachoberlichtern
b) die Blechnerarbeiten
c) daf Einbringen von blfg. 500,00 qm Kastenrinnen aus verzinktem, gespanntem Eisenblech
d) das Liefern und Eindecken von etwa 3300 qm Drahtglas
e) das Liefern von ungefähr 40200 Stück Doppelfalzziegeln und
f) das Liefern und teilweise Zusammenmontieren von blfg. 47000 kg T Trägern.

Pläne und Bedingungen liegen auf unserem Hochbaubureau, Zunftstraße Nr. 9 hier, woselbst auch Angebotsvordrucke abgegeben werden, während den üblichen Dienststunden, für die unter f) benannte Lieferung bis zum Tage der Vergebung, für die übrigen Leistungen bis Mittwoch, den 16. März 1904 zur Einsicht auf.

Die Zeichnungen und Bedingungen für die unter a) aufgeführten Herstellungen werden nur auf, an uns gerichtetes schriftliches Anverlangen und soweit der Vorrat reicht, gegen vorherige Einsendung von 2 M. bis zu vorerwähntem Termin verschickt.

Die Angebote sind mit der Aufschrift „Angebot auf die... Arbeiten bezw. Lieferung zur Lokomotivremise versehen, verschlossen und portofrei für f) Trägerlieferung bis zu der am Donnerstag, den 10. März d. J., für die übrigen Arbeiten bis zu der am Mittwoch, den 22. März 1904 jeweils vormittags 11 Uhr, auf unserem Geschäftszimmer - Deutschordensstraße 3 - III. Stock - stattfindenden Eröffnungsverhandlung einzureichen. - Die Zuschlagsfrist beträgt 4 Wochen.

9891

Freiburg i. Br., 26. Februar 1904.

Großh. Eisenbahnbauinspektion
v. Stetten

1936 wurde von der Deutschen Reichsbahn auf der Höllentalbahn zwischen Freiburg und Neustadt (Schw) bzw. Seebrugg ein Großversuch begonnen, eine Vollbahn mit dem 50-Hertz-Wechselstrom der allgemeinen Elektrizitätsnetze zu betreiben. Verschiedene deutsche Lokomotivfabriken lieferten dazu die E 244 01, E 244 11, E 244 21 und E 244 31. Mit diesen Maschinen alleine konnte natürlich der Betrieb auf der Höllental- und Dreiseenbahn nicht durchgeführt werden. Daher blieben die 1933 gelieferten mächtigen Dampflokomotiven der Baureihe 85 zusammen mit den Elloks – die nach dem Zweiten Weltkrieg durch E 244 22 und einen elektrischen Triebwagen (ET 255 01) verstärkt wurden – bis zum Ende des Versuchsbetriebes 1960 im Einsatz. Die Aufnahmen rechts und links zeigen die Maschinen 85 001 und die nagelneue E 244 01 im Sommer 1936 im Bahnbetriebswerk Freiburg. Aufnahmen: Carl Bellingrodt/EK-Verlag

85 001
85 001

Besonders interessant ist diese Aufnahme von der Stühlinger Brücke. Die alten Bw-Anlagen sind – mit Ausnahme der beiden Remisen im Hintergrund links – abgetragen. Die neue Bahnsteigüberdachung ist fertiggestellt. Die aufgestapelten Schienen deuten weitere Veränderungen des Gleisfeldes an, die mit der Elektrifizierung des westlichen Bahnhofteils 1936 ihren Abschluß finden werden. Die Lokomotive mit der Betriebsnummer 38 2511 (preußische P 8) war im Bw Freiburg Pbf beheimatet. Von den abgebildeten Gebäuden haben nur wenige – und die beschädigt – den Zweiten Weltkrieg überstanden. An Stelle des südlichen Bahnhofsflügels (rechts) entstand in den fünfziger Jahren der Omnibusbahnhof, dem Sie in diesem Buch mehrmals begegnen werden. Aufnahme: L. Scherer

Die Aufnahme dieser Seite steht am Ende des kurzen Überblicks über die Entwicklung der Eisenbahn und Straßenbahn in Freiburg bis 1945. Mit ihr heißt es im wahrsten Sinne des Wortes Abschied. Die Fahne am Turm des Hauptbahnhofs ist nur das äußere Zeichen einer Politik, die das Schaffen vieler Generationen in 20 Minuten zunichte machte. Die Röbcke-Aufnahme zeigt den Hauptbahnhof in seinem letzten Bauzustand in den dreißiger Jahren. Nur Reste blieben am 27. November 1944 übrig.

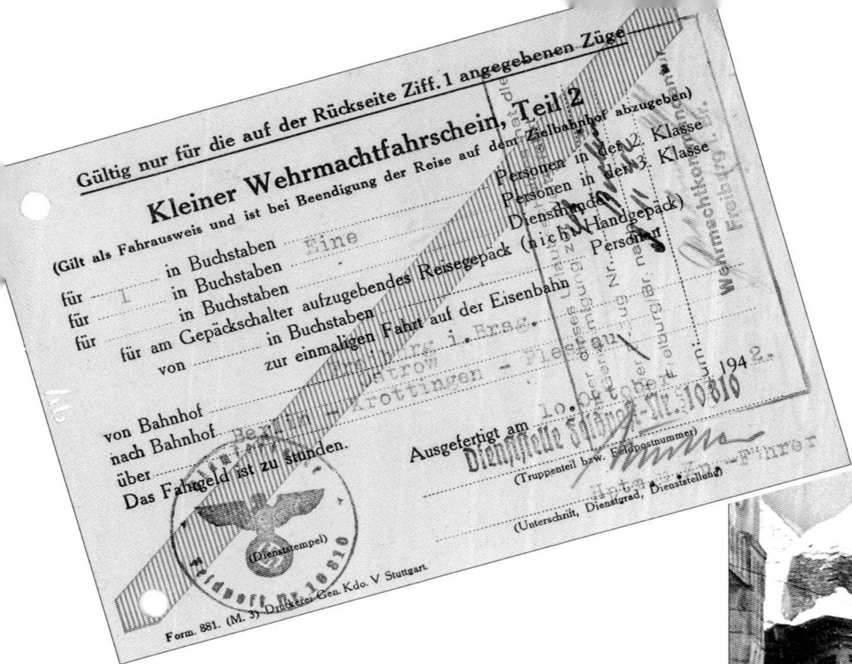
Gültig nur für die auf der Rückseite Ziff. 1 angegebenen Züge

Kleiner Wehrmachtfahrschein, Teil 2

(Gilt als Fahrausweis und ist bei Beendigung der Reise auf dem Zielbahnhof abzugeben)

für 1 in Buchstaben Eine Personen in der 2. Klasse

für .... in Buchstaben .... Personen in der 3. Klasse

für .... in Buchstaben .... Diensthunde

für am Gepäckschalter aufzugebendes Reisegepäck (nicht Handgepäck)

von .... in Buchstaben .... Personen

zur einmaligen Fahrt auf der Eisenbahn

von Bahnhof

nach Bahnhof

über

Das Fahrgeld ist zu stunden.

Ausgefertigt am 10. Oktober 1942

(Truppenteil bzw. Feldpostnummer)

(Unterschrift, Dienstgrad, Dienststellung)

(Dienststempel)

Form. 881. (M. 3) Druckerei Gen. Kdo. V Stuttgart.

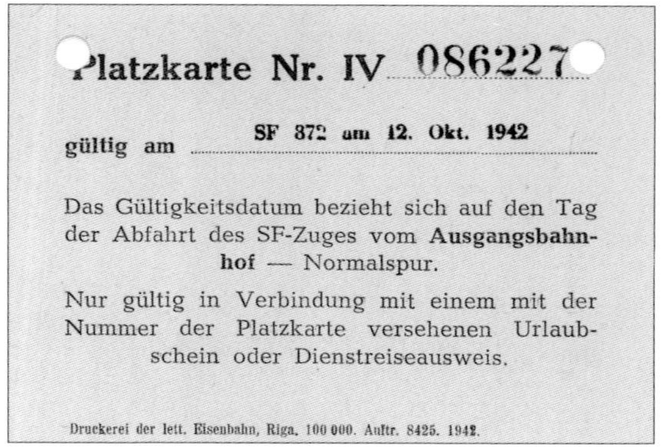
Platzkarte Nr. IV 086227

gültig am SF 372 am 12. Okt. 1942

Das Gültigkeitsdatum bezieht sich auf den Tag der Abfahrt des SF-Zuges vom **Ausgangsbahnhof** — Normalspur.

Nur gültig in Verbindung mit einem mit der Nummer der Platzkarte versehenen Urlaubschein oder Dienstreiseausweis.

Druckerei der lett. Eisenbahn, Riga. 100 000. Auftr. 8425. 1942.

Die Fahrkarten der folgenden Jahre wurden nicht mehr gelöst, sondern ausgegeben. Ein Urlaubsfahrschein meines Vaters von 1942 und die dazu gehörende Platzkarte.

Der bekannte Fotograf Willy Pragher – damals noch in Berlin zu Hause – besuchte Ende Januar 1944 Freiburg. Bei seinem Sonntags-Rundgang durch die Stadt war natürlich die Kamera mit dabei. So entstand eine kleine Serie hervorragender Aufnahmen von der Stadt, die am 27. November desselben Jahres das Schicksal vieler Städte teilen mußte. Ungewöhnlich ist die Betriebsamkeit in der Kaiserstraße, die in jenen Tagen Adolf-Hitler-Straße hieß. Überfüllte Straßenbahnen, Menschen auf dem Weg zur Kirche oder zur Arbeit geben dem Bild einen eigenartig ernsten Ausdruck. Die Aufnahme auf der nächsten Seite mit dem Straßenbahn-Triebwagen 61 wurde 1946 fast aus demselben Blickwinkel aufgenommen. Die Fassaden waren ausgeglüht und mußten später abgebrochen werden.

Als diese Aufnahmen gemacht wurden, fragten sich namhafte Leute allen ernstes (und sicher auch in vielen anderen Städten), ob es sinnvoll sei, die Stadt wieder aufzubauen. Sie wurde wieder aufgebaut. Der Blick links oben vom Münsterturm zeigt eine einsam dahinfahrende Straßenbahn am Siegesdenkmal, das – zusammen mit der hier nicht mehr sichtbaren Reichsbank am Karlsplatz – als einziges Bauwerk in der ganzen Umgebung erhalten geblieben ist.

Nach 1945

Links: Als 1951 die ersten neuen Verbandstriebwagen abgeliefert wurden, bekamen diese die Betriebsnummern 61 bis 71. Daher mußte der 1929 in Dienst gestellte Tw 61 umgezeichnet werden und erhielt die Nummer des kriegszerstörten Tw 53, fuhr also bis zu seiner Ausmusterung am 7. Dezember 1967 als Tw 53[II].

Rechts: „100 Jahre Bahnhof Freiburg" hätte zum Zeitpunkt der Aufnahme gefeiert werden können. Zu feiern gab es hier nichts mehr.

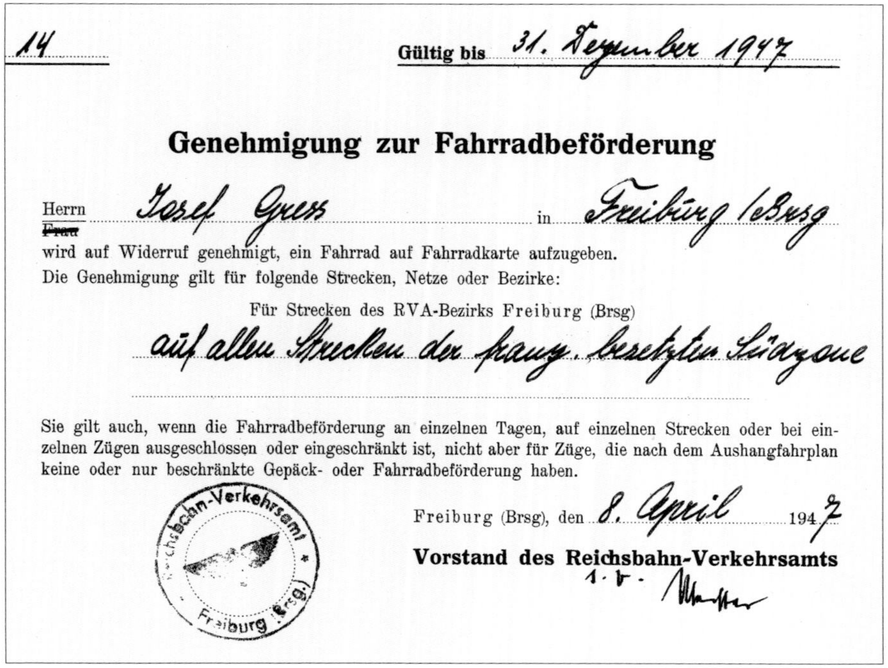
14 Gültig bis 31. Dezember 1947

Genehmigung zur Fahrradbeförderung

Herrn ~~Frau~~ Josef Gress in Freiburg i/Brsg
wird auf Widerruf genehmigt, ein Fahrrad auf Fahrradkarte aufzugeben.
Die Genehmigung gilt für folgende Strecken, Netze oder Bezirke:

Für Strecken des RVA-Bezirks Freiburg (Brsg)
auf allen Strecken der franz. besetzten Südzone

Sie gilt auch, wenn die Fahrradbeförderung an einzelnen Tagen, auf einzelnen Strecken oder bei einzelnen Zügen ausgeschlossen oder eingeschränkt ist, nicht aber für Züge, die nach dem Aushangfahrplan keine oder nur beschränkte Gepäck- oder Fahrradbeförderung haben.

Reichsbahn-Verkehrsamt Freiburg (Brsg.)

Freiburg (Brsg), den 8. April 1947

Vorstand des Reichsbahn-Verkehrsamts
i. V.

COMMANDEMENT EN CHEF FRANÇAIS EN ALLEMAGNE

OUVERNEMENT MILITAIRE
E LA ZONE D'OCCUPATION
ntrole dela Surete de Bade

A Fribourg, le 24.12. 1946

LAISSEZ-PASSER

№ 197269

(Pour les Civils)

Pour la Zone d'occupation francaise et(2) en Allemagne americaine

ᴍ. (NOM) (Name) (Name) Gress (3) (Prénoms) (Vorname) (Christian name) Josef (Nationalité) (Staatsangehörigkeit) (Nationality) alleman

é le / Geburtsdatum) / birth date) 6.10.04 à (Geburtsort) (birth place) Fribourg dans la province de (Provinz) (Country)

qualité) / Beruf) / profession) assistance social (adresse complète) (vollständige Anschrift) (complete address) Fribourg Bismarckstr.52

st autorisé à se rendre à / t ermächtigt, sich nach / authorized to proceed to Mannheim Frankfurt Stuttgart Saarbrücken München hin und zurück (4) zu begeben et retour (4) and back

our (but précis du voyage) / Grund (richtiges Ziel der Reise) / the purpose of (exact purpose of travel) transports des enfants

tinéraire / eiseweg / tinerary plusieurs voyages

MOYENS DE TRANSPORT: / Transportmittel / Means of transportation chacque moyens

DATE DE DEPART: / Tag der Abreise / Date of departure 1.1.47.

DATE DE RETOUR: / Tag der Rückkehr: / Date of return 31.3.47.

Pièce d'identite ou / Kennkarte oder / dentity card or / No du Passeport: / No des Reisepasses / of the passeport A 73515 délivré le / ausgestellt am / issued on 5.10.46. à / in / at Fribourg

Pour le Général Commandant en Chef Français en Allemagne:

Le (5) Controle de la Surete de Bade

Le Capitaine KROELI
Adjoint au Chef Régional de la Police Générale du Contrôle de la Sûreté de Bade

(Stempel: Gouvernement Militaire de Bade – Police Générale – Contrôle de la Sûreté)

(1) Indication du Service
(2) Américaine, anglaise ou russe
(3) Pour les femmes mariées, indiquer aussi le nom de jeune fille
Für Frauen auch Mädchenname
(4) Barrer les mentions inutiles
Nichtzutreffendes streichen
(5) Indication de l'autorité qualifiée pour signer — et cachet.

„Reisen" in Deutschland nach dem Zweiten Weltkrieg. Nur mit Sonderausweisen konnte man sich bewegen. Mein Vater war als Bediensteter der Stadt Freiburg in jenen Jahren oftmals zwischen den Zonen unterwegs. Seine Fahrausweise landeten glücklicherweise nicht in einem Papierkorb, sondern in einem Ordner, der heute ein einzigartiges Zeitdokument darstellt. Diese beiden Seiten sind nur ein kleiner Auszug dieser Unterlagen.

PERMIS POUR UN VOYAGE INTERZONE (ALLEMAGNE)
INTER-ZONAL TRAVEL PERMIT (GERMANY)
МЕЖЗОНАЛЬНЫЙ ПРОПУСК ДЛЯ ПРОЕЗДОВ (ГЕРМАНИЯ)
INTERZONEN-REISEPASS (DEUTSCHLAND)

Valable pour un seul voyage aller et retour
Valid for one complete journey only
Действителен только для одной поездки туда и обратно
Nur für eine Reise gültig

1. Dieser Paß ist unübertragbar und gilt nur für die Person, für die er ausgestellt ist.
2. Der Inhaber muß sich an seinem Bestimmungsort binnen 24 Stunden nach seiner Ankunft und am Tage seiner Abreise aus der Stadt oder Zone eintragen.
3. Der Inhaber trägt die Verantwortung bezüglich der Erfüllung aller Vorschriften betr. Transport, Aufenth. Rationierung etc. in der Zone und am Bestimmungsort.
4. Dieser Paß ermächtigt den Inhaber keineswegs zur Einreise in irgendein gesperrtes Gebiet; es sei denn, daß ausdrücklich eine Einreise auf dem Paß eingetragen ist.

Et à se rendre à / And to proceed to / И проехать в / Und zur Weiterreise nach: Mannheim, Stuttgart, Saarbrücken, Frankfurt/M. München zone francaise americaine -x-x-x-x-x

Nom et Prénoms, Adresse / Surname and Christian Names, Address / Фамилия и имена, адрес / Name, Vornamen, Adresse: Gress Josef, Freiburg Stefan Meierstrasse 163 -x-x-x-x-x-x

But de voyage / Purpose of Journey / Цель поездки / Reisezweck: Affaires professionelles

Zone francaise

Date de délivrance du laissez-passer / Date of Issue / Дата выдачи / Ausstellungsdatum: 16.novembre 1947 -x-x

Date et lieu de naissance / Date and Place of Birth / Дата и место рождения / Geburtsdatum und -ort: 6.10.04 Freiburg

Der Polizist – 1950 vor dem Stadttheater aufgenommen – trug noch das badische Wappen auf dem Tschako und dem Rockärmel. Die verschiedenen Ansichten über eine Zusammenlegung des Landes Baden mit Württemberg sorgten für reichlich Zündstoff. Dagegen sah man in der ersten Wahl zum Deutschen Bundestag den richtigen Weg zu einem demokratischen Deutschland.

Statistisches Amt
— Wahlamt —

Kreis / Gemeinde } **Freiburg i. Br.**

Benachrichtigung

Für die nachstehend bezeichnete Wahl sind Sie in der Wahlkartei eingetragen:

Wahl zum ersten Bundestag

Wir bitten Sie, diese Benachrichtigung zur Wahl mitzubringen.

Der Oberbürgermeister

Freiburg i. Br., 25. Juni 1949
Eisenbahnstraße 48

Der Triebwagen Nummer 2 war nach dem Kriegsverlust des Tw 1 das älteste Fahrzeug der Freiburger Straßenbahn. Bis 1961 war er oft als Reklamewagen unterwegs, so auch bei verschiedensten Wahlen. Er überstand die Jahre, in denen seine Altersgenossen im Straßenbahnbahnhof an der Kaiserstuhlstraße abgefackelt wurden und blieb als Museumsfahrzeug erhalten.

Statistisches Amt
— Wahlamt —

Kreis / Gemeinde } **Freiburg i. Br.**

Benachrichtigung

Für die **Volksbefragung über die Neugliederung in den Ländern Baden, Württemberg-Baden, Württemberg-Hohenzollern,** am

24. September 1950

sind Sie in der Wahlkartei eingetragen.

Wir bitten Sie, diese Benachrichtigung zur Wahl mitzubringen.

Der Oberbürgermeister

11. Aug. 1950

Freiburg i. Br.,
Eisenbahnstraße 48

Unter Einbeziehung der tiefen Fundamente konnte schon wenige Jahre nach Kriegsende ein neuer Hauptbahnhof errichtet werden. Ein Grund für den raschen Aufbau war sicher der Verlauf der Zonengrenzen, durch den Freiburg – an Stelle von Karlsruhe – für einige Jahre Sitz der badischen Landesregierung geworden war. Das provisorisch errichtete Empfangsgebäude sollte nach spätestens zehn Jahren durch einen Neubau ersetzt werden. Aber es blieb – mal frisch gestrichen, mal modernisiert – fast 50 Jahre erhalten. Kosmetische Korrekturen konnten immer nur vorübergehend etwas Abhilfe schaffen. Die beiden auf einfachstem Papier gedruckten Postkarten von 1950 (oben) ergeben ein fast genaues Stadt-Panorama. Die beiden Aufnahmen unten zeigen den Hauptbahnhof im Spätjahr 1953.

Eisenbahnfahrzeuge aus der Vorkriegszeit bestimmten im neuen Hauptbahnhof das Betriebsgeschehen. 39 147 hatte mit ihrem Eilzug noch den Weg durch das Rheintal nach Karlsruhe vor sich.

Der interessante Triebwagen auf der rechten Seite erinnert an die dreißiger Jahre, als mit diesen Fahrzeugen ein moderner Schnellverkehr in Deutschland aufgebaut wurde, der jedoch durch den Kriegsbeginn am 1. September 1939 ein rasches Ende fand. Anfangs der fünfziger Jahre griff die DB die alte Idee wieder auf und richtete mit den noch vorhandenen Fahrzeugen – die allerdings bald durch neue abgelöst wurden – ein dichtes Netz schneller Züge ein. Hier verläßt ein SVT 06 als FT 46 „Schauinsland" Freiburg Hbf in Richtung Basel. Mit einer Durchschnittsgeschwindigkeit von knapp 100 km/h zwischen Frankfurt (M) und Basel war er damals der schnellste Zug der DB. Glockenschlag 7.00 Uhr fuhr er in Frankfurt (M) ab und erreichte Basel um 11.10 Uhr.

Freiburg
(Breisgau) Hbf

Einfahrt des „Loreley-Express" in Freiburg Hauptbahnhof, 1953. Der elegante Fernschnellzug steht im krassen Gegensatz zum zerstörten Südflügel des alten Hauptbahnhofs. Hinter dem rechten Signal stehen noch die traurigen Reste des Hotels „Zähringer Hof".

Wenige Wochen nach der Aufnahme auf der linken Seite wurden die Mauern des Südflügels abgebrochen und ein großzügiger Omnibusbahnhof angelegt, durch den der Bahnhof und sein Umfeld wieder ein in sich geschlossenes und ansprechendes Aussehen erhielten. Auf kürzesten Wegen war nun das Umsteigen auf Straßenbahnen und Busse möglich geworden. Diese ausgezeichnete Verbindung der öffentlichen Verkehrsmittel wurde im Laufe der Zeit – besonders durch den Wegfall der Bahnsteigsperren – noch verbessert und erweitert. Eine Lokomotive der Baureihe 85 kommt soeben aus dem Höllental, während E 244 01 zur Fahrt dorthin bereitsteht. Ganz rechts steht eine preußische P8, Baureihe $38^{10\text{-}40}$, vor einem Personenzug nach Basel.

Die ganze Hobby-Herrlichkeit offenbarte sich 1957 bei einem Blick von der Stühlinger Brücke: Züge – Busse – Straßenbahnen. Eine Freiburger P 8 wartet mit ihrem Zug auf dem Gleis 1, bis der vor ihr stehende Personenzug abgefahren ist. Im Busbahnhof stehen zwei Mercedes-Benz-O 5000 Am-Postbusse, dahinter ein Anhänger der DB. Weiter rechts – auf der Bismarck-Allee – fährt soeben ein Opel-Blitz Kleinlaster vorbei, links hält eine Straßenbahn der (damaligen) Linie 1 (Komturplatz – Littenweiler). Von den dahinter sichtbaren Häusern entlang der Bismarck-Allee steht heute nur noch das hinter den Bäumen verborgene. Links von diesem schaut das Hotel Europäischer Hof herüber, das einer Bank weichen mußte und Ende der sechziger Jahre abgebrochen wurde. Den Häusern rechts erging es nicht besser, auch sie mußten einem Bankgebäude weichen. Die Aufnahme auf der rechten Seite mit leicht verändertem Blickwinkel entstand einige Minuten später.

Freiburg - Todtnau - Schönau
FB 03-9084

Der Omnibusbahnhof war Mittel- und Ausgangspunkt zahlreicher Linien durch das Rheintal und in den Schwarzwald. Die direkte Anbindung zu den Zügen bzw. Bussen und Straßenbahnen dürfte in Freiburg fast einmalig gewesen sein. Auf den Postbussen standen die klassischen Linien Freiburg – Todtnau – Schönau und Freiburg – Glottertal – St. Peter – St. Märgen angeschrieben. Zum Feierabend mußte die Glottertal-Linie planmäßig mit Anhängern verstärkt werden. Während die Post in Freiburg Mercedes-Busse bevorzugte, setzte die DB überwiegend die Marke Büssing ein. Zum Schutz gegen Kälte mußten im Winter die Kühler mit Lederhauben abgedeckt werden, die in der Mitte einen Ausschnitt hatten, der bei wärmeren Temperaturen hochgeklappt werden konnte. Die Aufnahme auf der linken Seite zeigt im Hintergrund den Triebwagen 46 auf der Linie 5 nach Haslach.

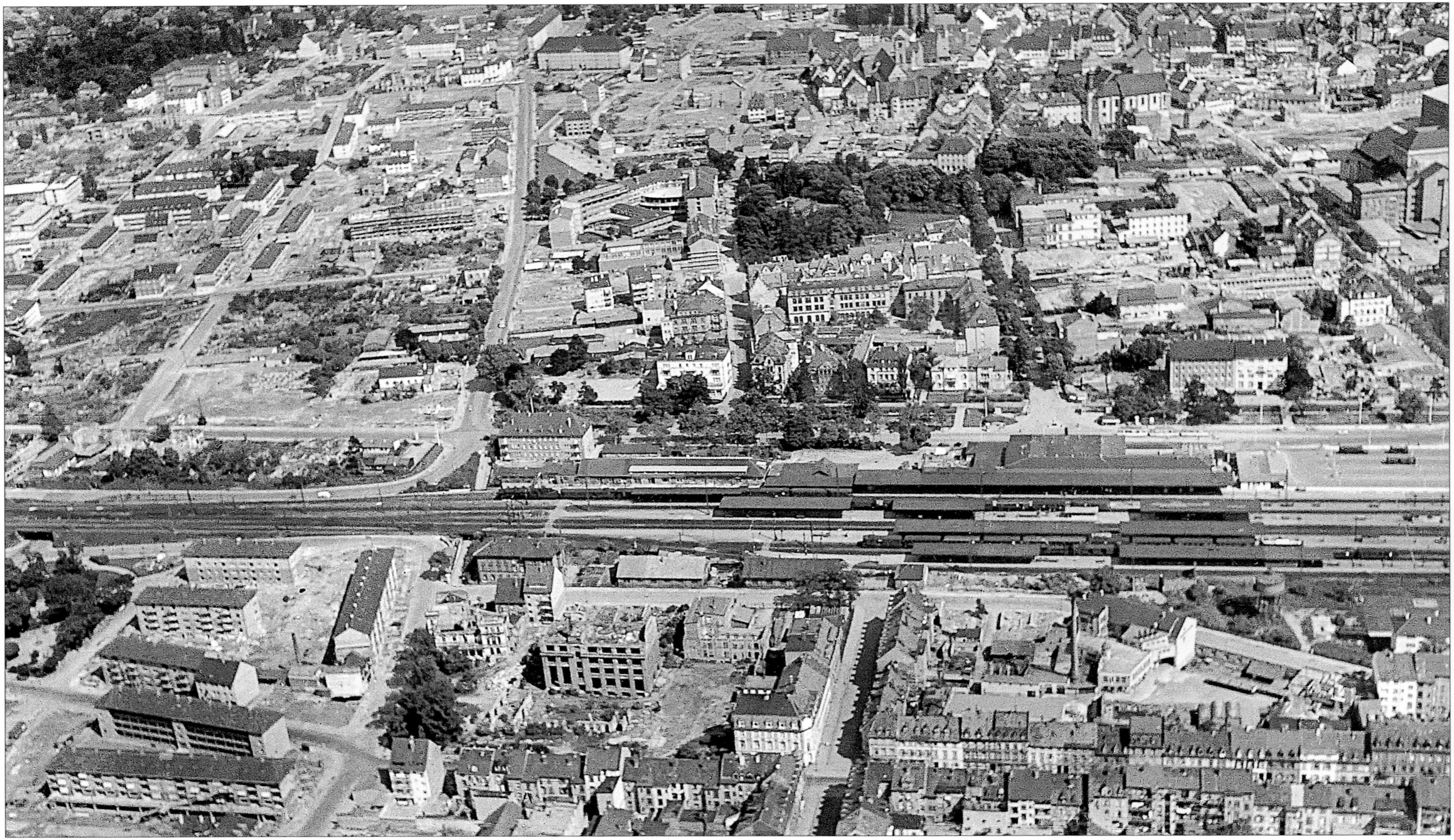

In den zwanziger Jahren gehörte Freiburg zu den ersten Städten in Deutschland, die an das Flugliniennetz der jungen „Lufthansa" angeschlossen waren. Nach 1945 wurde das gesamte Flugplatz-Gelände vom französischen Militär beschlagnahmt und weiträumig abgeriegelt. Doch bereits in den fünfziger Jahren wurden „Tage der offenen Tür" veranstaltet, die nachhaltig zu einem besseren Verständnis und schließlich zu einem guten Miteinander beitrugen. Dort machte ich nicht nur die erste Bekanntschaft mit der französischen Art der Kartoffelzubereitung, den Pommes frites, sondern auch mit meiner Heimatstadt von oben. Die für wenig Geld angebotenen Rundflüge waren stets ausgebucht, und nur mit viel Glück und Geduld konnten Karten „ergattert" werden. Die auf dieser Seite sichtbaren großen – noch unbebauten oder neubebauten – Flächen lassen noch immer die Ausmaße der Kriegszerstörungen erahnen. Rechte Seite: Blick auf den Güter- und Rangierbahnhof, in dem damals noch der größte Teil unseres täglichen Bedarfs umgeschlagen wurde. Heute kommen die Güter – „besonders umweltfreundlich" – auf der Straße mit dem Lkw.

01 134

Elektrisch von Basel nach Freiburg

Die „Schatten" des Strukturwandels erreichten 1954 Freiburg. Für meine Begriffe viel zu schnell breitete sich das dichte Netz des Fahrdrahtes über den Hauptbahnhof und die Strecke in Richtung Basel aus. Die Montagearbeiter erinnerten mich an Akrobaten in einer Zirkuskuppel. Es war einfach faszinierend, ihnen zuzusehen. Nichts konnte sie abschrecken, nicht einmal eine darunter anfahrende 01. In meiner Vorstellungswelt mußte es doch ganz schön heiß werden über der Lokomotive. Große Sorgen machte ich mir über die Zukunft der Dampflokomotiven und was aus den Heizern werden würde. Beruhigend meinte mein Vater, solange nicht die gesamte Strecke bis Karlsruhe oder gar Mannheim elektrifiziert sei, würden sie wohl noch fahren. Meiner lieben Mutter kam dagegen die Elektrifizierung gerade recht, denn durch die immer wieder verrußte Wäsche an der Leine hinter dem Haus war sie nicht allzu freundlich auf die Eisenbahn zu sprechen.

Linke Seite: Die Offenburger Schnellzuglokomotive 01 134 hat Ausfahrt in Richtung Basel.

Rechts: 75 300 im Bauzugdienst, während hinten 85 007 einen Eilzug in Richtung Höllental nachschiebt.

Im Frühjahr 1955 standen die Elektrifizierungsarbeiten im südlichen Vorfeld des Freiburger Hauptbahnhofs unmittelbar vor dem Abschluß.

Am 4. Juni 1955 erreichte E 10 002 mit dem Eröffnungszug den Freiburger Hauptbahnhof. Der strömende Regen hatte die Festgäste unter die Bahnsteigdächer vertrieben. Aber er konnte die Freude der Verantwortlichen über den gewaltigen Fortschritt keineswegs trüben.
Unten: Da der Fahrdraht zwischen Freiburg und Offenburg noch nicht fertiggestellt war, mußte am darauffolgenden Tag die Freiburger 38 2193 die Ellok über Karlsruhe in Richtung Stuttgart zurückschleppen.

Die weitere Elektrifizierung schritt jedoch sehr rasch voran. Während der Eröffnungszug am 4. Juni 1955 den Freiburger Hauptbahnhof erreichte, waren die Arbeiten in Richtung Offenburg – Karlsruhe bereits sehr weit fortgeschritten.

Oben: 01 172 vor einem F-Zug am 17. März 1956 in Höhe des nördlichen Einfahrsignals Freiburg Hauptbahnhof in der Ferrandstraße.

Rechts: Einer der nagelneuen Triebwagen der Baureihe VT 08 in der nördlichen Einfahrt des Hauptbahnhofs. Sie waren noch Jahre nach der Elektrifizierung täglich in Freiburg zu sehen (siehe auch Seite 91). Am linken Bildrand ist das Einfahrsignal der Strecke von Breisach zu erkennen.

In den Sommermonaten entstandenen durch Dampflokomotiven immer wieder Bahndammbrände. Daher blieb der Bewuchs entlang der Gleise entsprechend niedrig. 01 006 (oben) wird in wenigen Minuten den Hauptbahnhof erreicht haben, während die beiden in Freiburg beheimateten Schienenbusse der Baureihe VT95 mit ihren Beiwagen der Baureihe VB 142 nach Elzach unterwegs waren.

Nur etwa ein Kilometer unterhalb des Haltepunktes Freiburg-Zähringen überquert die Brücke nach Wildtal die Hauptstrecke. Hier blieben die großen Telegrafenmasten bis zur Fertigstellung der Elektrifizierung stehen, waren jedoch bei der Eröffnung des elektrischen Betriebes innerhalb weniger Tage verschwunden. Der von 01 013 geführte Schnellzug besteht aus einer „bunten" Wagengarnitur, in der sich Jahrzehnte deutscher Eisenbahngeschichte vereinen.

Wenig später rauschten in Richtung Hauptbahnhof zwei hochmoderne Triebwagen der Baureihe VT 08 als Ft 78 unter der Brücke hindurch. Entlang der Wildtalstraße entstanden damals die ersten Einfamilienhäuser. Werden Sie bei diesem Anblick nicht an den Schlager der damals populären Kabarettisten und Schauspieler Wolfgang Neuss und Wolfgang Müller erinnert: „… ach das könnte schön sein, ein Häuschen mit Garten …"

Links: 1956 war die Elektrifizierung der alten badischen Hauptbahn bereits bis Offenburg fertiggestellt. Wie schon im Jahr zuvor bei der Eröffnung des Streckenabschnitts Efringen-Kirchen – Freiburg zeigte sich die Sonne zunächst sehr zurückhaltend. Aber schon zwischen Kenzingen und Herbolzheim empfing sie den von E 44 057 des Bahnbetriebswerks Freiburg gezogenen Eröffnungszug von ihrer strahlenden Seite. So wurde dieser Tag auch für die zahlreichen Zuschauer entlang der Strecke zu einem besonderen Erlebnis.

Rechte Seite: Auch das Bild der Straßenbahn wandelte sich zusehens. Die seit April 1951 abgelieferten „Verbandstriebwagen“ vertrieben nach und nach die älteren Fahrzeuge aus den täglichen Diensten. Verbandstriebwagen wurden sie deshalb genannt, weil sie im Einvernehmen mit anderen Städten konstruiert und gebaut wurden, um Geld zu sparen. Die Aufnahme zeigt Tw 61 – noch im Ablieferungszustand mit dem badischen Wappen an der Seite – an der Endhaltestelle der Linie 2 (Zähringen – Günterstal) in Günterstal. Hier mußte stets rangiert werden. Der Schaffner trägt eine der heute bei Sammlern hochgehandelten Ledertaschen mit dem obligatorischen Geldwechsler. Tw 61 hatte die Nummer von dem auf Seite 19 links unten abgebildeten Triebwagen erhalten.

Straßenbahnen und Omnibusse

Die stark frequentierte Buslinie nach Freiburg-St. Georgen erforderte stets den Einsatz von Anhängern. Im März 1960 fuhr der Büssing 5000 TU, Betriebsnummer 16, mit dem Kässbohrer-Anhänger PA 5 Nummer 113 durch die Basler Landstraße in Richtung Johanneskirche, damals Ausgangspunkt der Buslinie „C". Die Fahrt der langen und schweren Fahrzeuge durch den damals überwiegend noch landwirtschaftlich geprägten Vorort gestaltete sich mitunter recht schwierig. Die Endhaltestelle in St. Georgen war am Hartkirchweg gegenüber der Kirche. Bus 16 war von 1951 bis 1964 im Einsatz, Anhänger 113 von 1953 bis Ende 1962.

Auf Sonderfahrt zwischen Kirchzarten und Freiburg befand sich im Winter 1957 Büssing TU 5000 mit der Nummer 17 der Freiburger Straßenbahn. Das Fahrzeug war von August 1951 bis Februar 1964 in Dienst und zog den Kässbohrer-PA 4-Anhänger, Betriebsnummer 102, Baujahr 1943, hinter sich her. Die beiden Anhänger dieser Serie (101 und 102) wurden im März 1961 ausgemustert.

Die Freiburger Straßenbahn beschaffte in den fünfziger Jahren mehrere Busse des Typs Büssing/Emmelmann TU 7, die überwiegend im Sonder- und Reiseverkehr Verwendung fanden. Die Fahrzeuge unterschieden sich von den Linienbussen durch die Dachrandverglasung mit Gardinen und die zahlreichen Chromzierleisten. Die Aufnahme zeigt die Busse 1 und 5 vor dem Depot in der Urachstraße.

Straßenbahnalltag in Freiburg

Oben links überquert auf der alten Linie 5 Triebwagen 33 die Ochsenbrücke in Richtung Herdern, in der Mitte die Gegentram nach Haslach. Links Tw 62 mit zwei Anhängern im Dezember 1960 in der Salzstraße. Als Endhaltestelle war damals noch „Güterbahnhof-Komturplatz" angegeben. Rechts Tw 66 1965 in der Schwarzwaldstraße mit dem berüchtigten Kopfsteinpflaster. Interessant sind auch die Straßenfahrzeuge: Ein Heinkel-Motorroller, links von der Tram ein Opel-Blitz, dahinter ein Mercedes 180 D, ein VW-Bus und eine BMW-Isetta.

Oben links ein Dreierzug auf der Kaiserbrücke in Richtung Innenstadt, rechts Tw 52 und Beiwagen 125 in der Güntertalstraße, in der in den fünfziger Jahren noch herrliche Bäume standen. Beiwagen 125 hatte vor dem Neuaufbau 1949 die Nummer 109 – entstanden aus dem Triebwagen 26 (siehe Seite 12) Unten links Tw 52 im Depot Komturstraße beim Waschen und rechts der erste Gelenktriebwagen mit der Nummer 100 auf Probefahrt 1959 am Bertholdsbrunnen. Diese Fahrzeuge erhielten – analog der ersten Weltraumsatelliten im selben Jahr – den Spitznamen „Sputniks“.

Über Jahrzehnte hinweg war der internationale „Große Bergpreis" am Schauinsland – im Freiburger Volksmund das „Schauinslandrennen" – das Sportereignis Nummer 1. Aus diesem Anlaß war alljährlich die Kaiserstraße zwischen Martinstor und Kaiserbrücke festlich geschmückt, um auf diese beliebte und äußerst populäre Veranstaltung hinzuweisen. In der Bildmitte fährt Tw 61 nach Günterstal, 1958.

In den fünfziger Jahren wurde der zu „Kaisers Zeiten" angebrachte Turmgiebel am Schwabentor entfernt und das Dach wieder der mittelalterlichen Form angepaßt. Das alte Gewerkschaftshaus, dessen Giebel links zu sehen ist, wurde 1970 abgebrochen und das nach Littenweiler führende Gleis um den neuen Gebäudekomplex herumgelegt. Als Partywagen blieb Tw 74 noch lange Jahre im Einsatz.

Seit November 1972 fahren in der Kaiserstraße – die eigentlich Kaiser-Josef-Straße heißt – aber in der Freiburger Mundart nur in der genannten Kurzform ausgesprochen wird, keine Autos mehr. Tw 56, der als Museumsfahrzeug erhalten geblieben ist, wartet auf das Grün der Ampel, während der jugendliche Fotograf geschützt unter den Arkaden steht. So kann auch „Sauwetter schön sein"(1959).

Mit dem „Höllentäler“ in den Schwarzwald

Eine der bekanntesten – um nicht zu sagen berühmtesten – deutschen Bahnlinien hat in Freiburg ihren Ausgangspunkt: die Höllentalbahn. Sie hat nicht nur bei Eisenbahnfachleuten und Eisenbahnfreunden aufgrund ihrer Streckenführung und den hier eingesetzten Lokomotiven einen besonderen Ruf, sondern auch bei der einheimischen Bevölkerung. Sie ist die Bahnlinie der Freiburger und der Gemeinden entlang der Strecke schlechthin, sie gehört hierher wie die Berge, durch die sie gelegt wurde. Man identifiziert sich mit ihr – und man fährt mit ihr. Die Höllentalbahn ist eine ausgesprochene Gebirgsbahn mit allem, was dazu gehört: Schluchten, Felsen, eine Vielzahl von größeren und kleineren Brücken, Tunnels und Steigungen, die zu den steilsten in Deutschland gehören. Was sie besonders anziehend macht, ist die schöne und eindrucksvolle Landschaft des Hochschwarzwaldes, durch die sie führt. Die Strecke überwindet von Freiburg (264 Meter) bis Hinterzarten 625 Meter, bis Feldberg-Bärental rund 700 Meter. Zum Vergleich: Die Schwarzwaldbahn steigt zwischen Hausach und Sommerau 591 Meter, die Gotthardbahn zwischen Flüelen und Göschenen 634 Meter.

Am 23. Mai 1887 wurde sie in dichtem Schneegestöber (!) eröffnet. Ihr Erbauer, der großherzoglich-badische Oberbaudirektor Robert Gerwig, der auch die Schwarzwaldbahn und als leitender Mitarbeiter die Gotthardbahn erbaute, erlebte diesen Tag nicht mehr. An ihn erinnert der Gerwig-Platz vor dem Bahnhof Freiburg-Wiehre. Zum Begriff in der Fachwelt und bei Eisenbahnfreunden wurde die Höllentalbahn durch ihre Sonderstellung, die sie fast 75 Jahre lang eingenommen hatte. Sie war die erste deutsche Staatsbahnstrecke, die als gemischte Reibungs- und Zahnradstrecke betrieben wurde. Die teure und hinderliche Zahnstange baute man nur dort ein, wo sie unbedingt benötigt wurde – zwischen Hirschsprung und Hinterzarten. Als der Badischen Staatsbahn 1908 der Versuch gelang, über die Steilstrecke planmäßige Eilzüge zu führen, erlangte sie großes Aufsehen in Fachkreisen. Ihre größte Bewährungsprobe bestand die Zahnradbahn jedoch, als 1923 französische Truppen den Bahnhof Offenburg besetzten und der gesamte Verkehr der Hauptbahn über das Höllental umgeleitet werden mußte. Vier Schnellzugpaare wurden täglich über die Höllentalbahn gefahren, wobei die schweren Züge bis zu vierfach geteilt werden mußten.

Die zweite Periode ihrer Betriebsgeschichte begann mit dem Entschluß der Deutschen Reichsbahn, den schwerfälligen Zahnradbetrieb aufzugeben und mit Reibungslokomotiven über die gesamte Strecke zu fahren. Auf der ebenfalls äußerst schwierigen und unter ähnlichen Bedingungen betriebenen „Rübelandbahn“ zwischen Blankenburg im Harz und Königshütte wurde der Beweis erbracht, daß ein Reibungsbetrieb möglich war. Nachdem im Höllental der Oberbau und die Brücken entsprechend verstärkt worden waren, setzte man ab 1933 die von Henschel & Sohn in Kassel gelieferten mächtigen Dampflokomotiven der Baureihe 85 ein. Mit einer Masse von 133 Tonnen und einer Reibungsmasse von 100 Tonnen waren sie die schwersten Tenderloks der Deutschen Reichs- und Bundesbahn. Sie konnten bis zu zehn zweiachsige Personenwagen über die Steistrecke ziehen und das bei beträchtlich verkürzten Fahrzeiten, eine Leistung, für die bisher bis zu drei Lokomotiven nötig wurden.

Die dritte Periode begann mit dem Großversuch der Deutschen Reichsbahn, eine Vollbahn mit der „Industriefrequenz“, dem 50-Hertz-Wechselstrom der allgemeinen Elektrizitätsnetze, zu betreiben. Vom Gelingen erhoffte man sich, auch untergeordnete Bahnstrecken kostengünstig elektrifizieren und aus den Leitungsnetzen speisen zu können. Vier führende Elektrofirmen lieferten je eine Versuchslokomotive: AEG die E 244 01, Brown-Boveri/Krauss E 244 11, Siemens-Schuckert/Krauss E 244 21 und Krupp E 244 31. Sie hatten alle die Achsfolge Bo'-Bo', eine Masse von 83 bis 85 Tonnen sowie eine Höchstgeschwindigkeit von 85 km/h. In ihrem elektrischen Aufbau waren sie jedoch alle verschieden. Diese Loks reichten natürlich nicht aus, um den Gesamtverkehr bewältigen zu können. So blieben bis zum Ende des Versuchsbetriebes im Mai 1960 auch die Dampflokomotiven im Einsatz – zur großen Freude der jungen und älteren Eisenbahnfreunde. Nach dem Zweiten Weltkrieg wurde aus zwei kriegsbeschädigten 16 $^2/_3$-Hz-Fahrzeugen – unter Verwendung neuer elektrischer Motoren und Einrichtungen – die 50-Hertz-Lokomotive E 244 22 und der Triebwagen ET 255 01 aufgebaut.

Der 50-Hertz-Versuchsbetrieb führte zu vielen neuen Erfahrungen. Die Absicht, elektrische Bahnstrecken aus dem allgemeinen Landesnetz zu versorgen, ist heute mit modernen technischen Mitteln, die damals noch nicht zur Verfügung standen, in vielen Ländern verwirklicht worden. So begann 1960 die vierte Periode der Höllentalbahn mit dem Anschluß an das 16-$^2/_3$ -Hertz-Bahnstromnetz der DB, das denselben Einphasenwechselstrom verwendet wie die Bahnen der Schweiz, Österreichs, Norwegens und Schwedens. Damit verlor sie ihre Sonderstellung, aber die Vorteile waren: In Freiburg Hauptbahnhof gab es nur noch ein Stromsystem, Aufgabe des Dampfbetriebes im Höllental, Einsatz moderner Lokomotiven vor durchlaufenden Fernzügen ohne Lokwechsel.

„C. Clare, Hofphotograph, Atelier 1. Ranges" steht auf der Rückseite dieser herrlichen Aufnahme vom August 1894. Oberhalb der Station Höllsteig dampft eine der sieben von der Maschinenfabrik Karlsruhe für die Höllentalbahn gebauten Zahnradloks der Gattung IXa über den Ravennaviadukt bergauf in Richtung Hinterzarten. Sie war mit zwei Triebzahnrädern, zwei getrennten Triebwerken, Gegendruckbremse und Spurkranzschmierung ausgerüstet. In der Reibungsstrecke erreichte sie 20 km/h, auf der Zahnstange 10 km/h. Die beim Bahnbau entstandenen Narben in der Natur sind fast wieder zugewachsen.

Da die Tragfähigkeit der alten Brücke keine größeren Lokomotiven zuließ, entschloß sich die Reichsbahn zum Bau eines massiven Steinviaduktes, das auch zukünftigen Erfordernissen genügte. Die Aufnahme links zeigt die neue Brücke kurz nach der Fertigstellung 1927 und eine Lok der ehemaligen Badischen Staatsbahn – Gattung VI b, Reichsbahn-Baureihe 75^{1-3} – vor einem Personenzug. Diese Maschinen waren von Freiburg bis Neustadt (Schw) zwar Zuglokomotiven, benötigten aber auf der Steilstrecke noch die Unterstützung der Zahnradloks. Als 1933 die mächtigen 85er in Dienst gestellt wurden, übernahmen sie schrittweise die Zugdienste im Höllental. Züge, für die bisher drei Dampflokomotiven notwendig waren, konnte sie alleine über die gesamte Strecke ziehen. Oben hat im Sommer 1934 eine 85er mit neun zweiachsigen Personenwagen den Bahnhof Höllsteig verlassen, unten ein Blick vom Hochfirst auf die 1926 eröffnete Dreiseenbahn, das Bärental und den Feldberg, April 1931.

Entlang der Höllental- und Dreiseenbahn

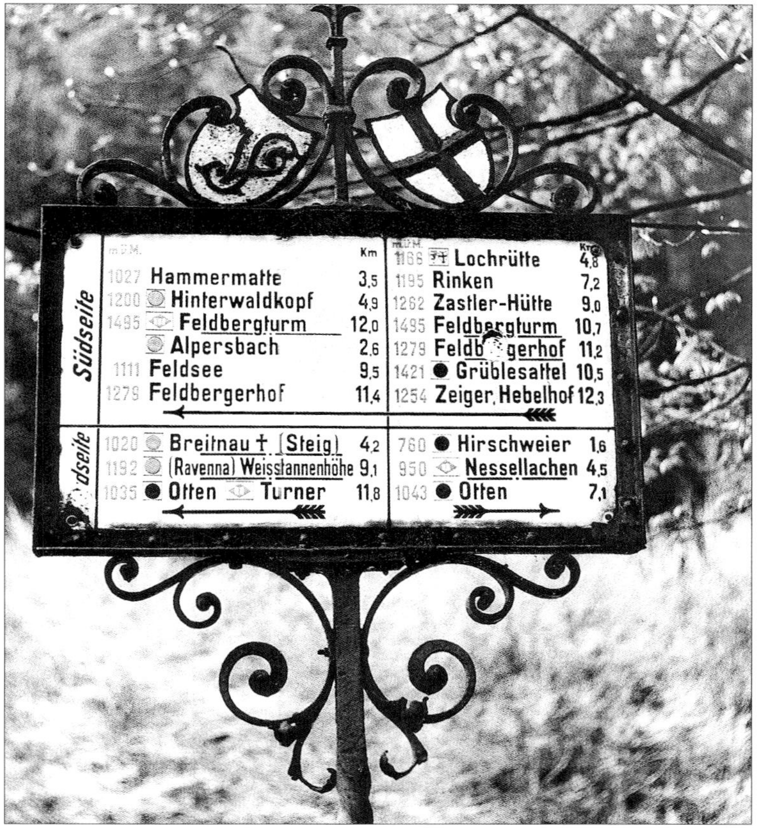

Vor dem Bahnhof Posthalde stand viele Jahre lang ein besonders hübsch geschmiedetes Hinweisschild für jene Fahrgäste, die die einzigartige Schwarzwaldlandschaft (oder die Höllentalbahn) auf „Schusters Rappen" ergründen wollten. Der Aufnahmestandpunkt rechts ist allerdings seit Jahren völlig zugewachsen. Zwei Dampflokomotiven der Baureihe 85 müssen alle Kraft aufbringen, den langen Zug nach dem Halt in Höllsteig in der 55-Promille-Steilstrecke zu beschleunigen. Von dem Wort Dampf-Romantik wollten die Schwerstarbeit leistenden Heizer der Loks damals sicher nichts hören.

Ms
Personenzug
Höllsteig
Freiburg-Wiehre
3. Kl 1,00 RM
24 km
Höllsteig-Frb-Wiehre
7032

Felsen und Steinhalden, die stets in Bewegung sind, mußten beim Bau der Höllentalbahn – und oftmals auch in späteren Jahren – durch Stützmauern und stählerne Fangnetze abgesichert werden. An einem dieser besonders gefährdeten Bereiche – zwischen dem Unteren- und Oberen Hirschsprungtunnel, fährt im Mai 1958 die bergwärts fahrende E 244 31 mit P 1531 vorbei. Wenige Minuten später taucht aus dem Oberen Hirschsprungtunnel 85 007 in Fahrtrichtung Freiburg auf, die im Bahnhof Hirschsprung die Kreuzung mit E 244 31 abgewartet hatte. Bis zur Ankunft des nächsten Zuges war ich wieder im Bahnhof Hirschsprung. Für 85 001 und ihr Personal dauerte die „Verschnaufpause" nur wenige Minuten, ab hier mußten alle Kräfte für den Steilstreckenabschnitt angespannt werden.

Höllsteig war Kreuzungsbahnhof mit Signalbrücken an den Ausfahrten. Nach dem Ende des 50-Hertz-Betriebes und des Dampflokeinsatzes wurde durch den beschleunigten Zugverkehr der Bahnhof Höllsteig aufgelassen, die Signalbrücken abgebrochen und im August 1970 das zweite Gleis entfernt. Die Oswaldkapelle erinnert an die Zeit um 1400, als der Weg durch dieses Tal erstmals erwähnt wurde. Etwa einhundert Meter oberhalb der Oswaldkapelle überspannt der Ravennaviadukt die gleichnamige Schlucht. Im April 1958 donnerten 85 003 und 85 009 als Schiebelok über das Tal hinweg. Die Auspuffschläge der wuchtigen Maschinen ließen jedes andere Geräusch verstummen. Der Viadukt ist 224 Meter lang und 40 Meter hoch. Auf diesen 224 Metern überwinden die Züge einen Höhenunterschied von zwölf Metern!

1050.01

Diese Seite oben: Zwischen Hinterzarten und Titisee, unterhalb des Jockelishofes, gibt es auch heute noch einen Bahnübergang. Viele Eisenbahnfreunde kennen diese Stelle, denn Züge lassen sich hier hervorragend mit einer typischen Schwarzwaldhochfläche als Hintergrund fotografieren. Lange vorbei sind allerdings die Zeiten, als der BÜ noch ein richtiger Schrankenposten und – erst auf den zweiten Blick zu sehen – mit einem Läutewerk zwischen den Bahnbuden ausgestattet war. E 244 22 ist zwar etwas unglücklich aufgenommen, dafür kommen die Modelleisenbahner auf ihre Kosten. Oben rechts: Die Hochfläche zieht sich über Titisee hinaus bis Neustadt (Schw) hin. Unser Zug hatte im Frühjahr 1959 soeben den Bahnhof Hölzlebruck in Richtung Titisee durchfahren, gezogen von E 244 01. Heute ist ein großer Teil dieser herrlichen Landschaft bebaut. Rechts: Lokführer Sepp Blattmann und der junge Lokführer Franz Siefritz (hier als Heizer) haben im August 1959 in Neustadt ihre Lok „auf Vordermann gebracht" und warten nun auf den Ulmer Eilzug, den sie mit 85 002 übernehmen und bis Freiburg führen werden.

Linke Seite: Mit diesen Aufnahmen soll das Kapitel Höllsteig und Ravennaviadukt nun abgeschlossen sein. Links oben hat 85 008 den Viadukt überquert und wird gleich im Ravennatunnel verschwinden. Daneben E 244 22, die nach dem Zweiten Weltkrieg aus Teilen der kriegsbeschädigten E 44 005 „zusammengezimmert" wurde. Der Kleinlaster vor dem Haus ist ein Ford FK 1000, damals ein oft anzutreffender Lieferwagen. Links unten ein Gast aus Österreich. 1050.01 der ÖBB war im Sommer 1958 zu Probefahrten auf der Höllentalbahn unterwegs und wurde auch vor planmäßigen Personenzügen eingesetzt. Die Aufnahme entstand im Bahnhof Posthalde.

Nur kurz soll der „Abstecher" auf die östliche Höllentalbahn Neustadt (Schw) – Donaueschingen sein. Auf diesem Abschnitt wurden die Züge von Lokomotiven der Baureihe 75^{4-11} (bad. VIc) übernommen. Im September 1960 hatte 75 416 den E 589 bis Donaueschingen zu bringen. Die Aufnahme entstand an einem schönen Spätsommertag zwischen Rötenbach und Löffingen bei den Wallfahrtskirchen.

Die Strecke Neustadt (Schw) – Donaueschingen weist eine Reihe größerer und kleinerer Brücken und Tunnels auf. Dieselloks der Baureihe V 100 hatten die Dampflokomotiven abgelöst. Im November 1968 hatte V 100 1343 den Bahnhof Kappel-Gutachbrücke durchfahren und die Gutachbrücke überquert. Das Signal am linken Bildrand gehörte zur Strecke Kappel – Lenzkirch – Bonndorf, die längst abgebaut ist.

Hochschwarzwald pur begegnet dem Reisenden auf der Dreiseenbahn. Nach einer weitausholenden Kurve führt die Strecke – am Titisee entlang steigend – nach Feldberg-Bärental, durch ein Hochmoor nach Altglashütten, am Windgfällweiher vorbei nach Aha, wo der Schluchsee erreicht wird. Die Aufnahmen dieser Seite entstanden 1959 in Aha (links) mit E 244 22 und einem aus zweiachsigen Wagen gebildeten Zug, der für die Höllental- und Dreiseenbahn charakteristisch war, im Bahnhof Feldberg-Bärental mit dem knapp 1500 Meter hohen Feldberg im Hintergrund und am Schluchsee mit einem VT 98 unterwegs nach Seebrugg (unten).

Winter in Feldberg-Bärental

Vollbesetzt waren die Züge an freien und schneereichen Tagen im Winter. Zu den bevorzugten Zielpunkten gehörte der Bahnhof Feldberg-Bärental, von dem aus mit Postbussen die besten Anschlüsse zum (fast) schneesicheren Feldberg bestanden. An einem Sonntagmorgen Anfang Januar 1958 war in Feldberg-Bärental ein Zug aus Freiburg mit zahlreichen Skifahrern angekommen rechts). Vor dem Bahnhof standen Sonderbusse der Post zur Weiterfahrt zum Feldberger Hof bereit. Die Fahrgäste fanden nichts dabei, ihre Bretter selbst auf dem Dachgepäckträger zu verstauen, während der Fahrer die Fahrscheine verkaufte. Rechts oben ein Blick vom Führerstand der 85 005 auf die Signale und die alte Straßenbrücke im Bahnhof Feldberg-Bärental.

Freiburg – Breisach (– Colmar)

Die 23 Kilometer lange Strecke Freiburg – Breisach wurde am 16. September 1871 als Privatbahn in Betrieb genommen. Ihre Eigentümer waren die Städte Freiburg und Breisach. Die Geschichte dieser herrlichen Landschaft ist geprägt durch ihren Reichtum, von langen Kriegen und kurzen Friedenszeiten. Breisach, die uralte Festung hoch über dem Rhein, sah Kelten und Römer kommen und gehen. Funde aus der jüngeren Steinzeit weisen auf frühe Besiedlungen am gesamten Oberrhein hin. Im Mittelalter entwickelte sich Breisach zur stärksten Festung des gesamten Gebietes und wurde als „Schlüssel des Heiligen Römischen Reiches Deutscher Nation" bezeichnet. Freiburg, wesentlich jünger als Breisach, war – mal zu Frankreich, mal zu Österreich gehörend – ebenso dem ewigen Wechselspiel der Mächte unterworfen. Nach dem deutsch-französischen Krieg 1870/71 wurde das Elsaß dem neugegründeten Deutschen Reich einverleibt. Die Verlängerung der Strecke Freiburg – Breisach über Volgelsheim und Neubreisach bis nach Colmar wurde am 5. Januar 1878 eröffnet. Gleichzeitig wurde – mit der Inbetriebnahme der Rheinbrücke – die Strecke zunächst vom Land Baden gepachtet und am 6. Dezember 1881 verstaatlicht. Die Eisenbahn-Katastrophe am 3. September 1882 zwischen Freiburg und Hugstetten ging als erstes großes Eisenbahnunglück in Deutschland in die Geschichte ein. 1910 lief das erste Eilzugpaar Freiburg – Breisach – Colmar. Nach dem Ersten Weltkrieg wurde die Verbindung der Strecke unterbrochen, und Breisach war wieder Endstation geworden. Nach den Kriegserklärungen im September 1939 sprengten die Franzosen den ersten Aufleger der Rheinbrücke auf ihrer Seite. Deutsche Pioniere bauten ihn 1940 provisorisch wieder auf, um schließlich 1945 nach dem Zusammenbruch der Front die Brücke endgültig zu sprengen.

In den fünfziger Jahren wurden Teile der Brücke zum Aufbau einer Straßenverbindung mit dem Elsaß aus dem Rhein geborgen, aber eine Eisenbahnverbindung kam nicht mehr zustande. Breisach wurde wieder Kopfbahnhof. Seit vielen Jahren wird der Wiederaufbau der alten Verbindung zwar erwogen, scheitert jedoch – wie immer in solchen Fällen – an der Finanzierung. Die Strecke Freiburg – Breisach ist, abgesehen von der schönen Landschaft, eine Bahnlinie ohne Höhepunkte. Wie mit einem Lineal gezogen verläuft sie durch die Rheinebene. Ein Bogen in der Ausfahrt Freiburg Hbf, dann kerzengerade bis Hugstetten, gleich hinter dem Bahnhof ein Bogen, und weiter kerzengerade bis Gottenheim, nach einem leichten Bogen kerzengerade bis Breisach, wo unmittelbar vor dem Bahnhof der vierte Bogen auftaucht. Der alte „Abschnitt" auf der elsässischen Seite nach Colmar ist übrigens die exakte – ebenso fast bogenlose – Fortsetzung der Strecke Freiburg – Breisach.

Freiburg – Breisach – Colmar/Elsaß, eine Bahnstrecke , in der sich die deutsch-französische Politik seit 1870 widerspiegelt. Links oben die von deutschen Pionieren im Februar 1945 gesprengte Rheinbrücke. Mit ihr versanken (bis heute) alle Hoffnungen auf eine Wiederherstellung der Strecke. Daneben die Freiburger Lok 75 420 im Juli 1960 kurz vor der Abfahrt mit dem Frühzug nach Freiburg und oben 211 334 am 27. November 1968, ebenfalls vor einem Personenzug nach Freiburg. Hinter dem Zug ist der Bahnübergang in Richtung Colmar bereits aufgegeben, aber hinten ist noch das alte Ausfahrsignal erkennbar.

Mittelpunkt der Strecke nach Breisach ist der Bahnhof Gottenheim (oben links), hier aus dem Blickwinkel der Kaiserstuhlbahn aufgenommen. Bis in die siebziger Jahre hinein gab es auch noch richtige Güterzüge nach und von Breisach. Oben überquert im September 1968 eine Diesellok der Baureihe 260 die Dreisambrücke im Mooswald zwischen Hugstetten und Gottenheim, links muß 260 558 bei Freiburg West alle Kraft zusammennehmen, die mit Schotter beladenen Wagen über die Steigung aus dem Mooswald bis Freiburg zu schleppen.

Freiburg – Elzach

Elzach ist Endstation der Bahnlinie durch das schöne Schwarzwaldtal geblieben, obwohl die ursprünglichen Planungen wesentlich weiter gingen. An einem kühlen Frühlingstag im März 1961 fuhr 75434 mit einem Personenzug aus Freiburg in den Bahnhof Elzach ein, in dem es – wie in Breisach – einen Lokschuppen mit Wasserturm gab. Das viele Holz wurde damals noch mit der Bahn abgefahren.

Vier Jahre nach der Eröffnung der Strecke Freiburg – Breisach wurde 1875 die Elztalbahn (Freiburg –) Denzlingen – Waldkirch dem Betrieb übergeben. Sie war ebenfalls als Privatbahn erbaut und 1887 vom Land Baden gekauft worden. Sie gehört in die Rubrik „Die Unvollendeten" eingereiht, denn die ursprünglichen Gedankenspiele und Planungen sahen sie bereits als einen Abschnitt der erstrebten Strecke Basel – Freiburg – Stuttgart, die allerdings nie verwirklicht wurde. Ebensowenig wie die ernsthaft erwogene Weiterführung zur Schwarzwaldbahn nach Hausach, die der Elztalbahn einen Sinn gegeben hätte. So wurde Baden um eine Stichbahn „reicher" – oder Sackbahn, wie sie der Volksmund richtig deutete. Immerhin wurde den langjährigen Bemühungen der Stadt Elzach stattgegeben, die Strecke bis dorthin zu verlängern. Da dies ohne Niveauänderung und damit kostengünstig möglich war, konnte sie am 20. August 1901 eröffnet werden. Dabei sollte es dann bleiben. Ob es zutrifft, daß der Kommandeur der 27. Division in Freiburg während des Ersten Weltkrieges die geplante Trassierung nach Hausach veranlaßt haben soll, bleibt dahingestellt. Die weiteren Ereignisse – Kriegsende, Inflation und später der aufkommende Straßenverkehr – ließen sowieso alle Pläne zur Makulatur werden.

Heute hat die Elztalbahn mehr denn je ihre Daseinsberechtigung. Ohne sie wäre der Straßenverkehr längst zusammengebrochen. Im Elztal und im gesamten Freiburger Umland hat die Regio-Karte für randvolle Züge gesorgt und die Stillegungspläne vergessen lassen. Leider kann die Strecke durch das liebenswerte Schwarzwaldtal mit seiner traditionell starken Industrie keinen nennenswerten Güterverkehr mehr vorweisen – hier hat die Bahn rechtzeitig für „freie" Schienen gesorgt.

März 1962. Oben links bei Elzach, oben zwischen Kollnau und Waldkirch, unten vor Bleibach.

Oben: Lokführer Alfred Stiegeler und Zugführer Werner Armbruster im März 1962 mit der ersten V 100 in Elzach. Die Lokomotive kam vom Bahnbetriebswerk Simmern zur Personalschulung vorübergehend nach Freiburg.

Nur noch Erinnerungswert haben die Aufnahmen der Güterzüge im Elztal. 260 559 im Dezember 1968 zwischen Waldkirch und Kollnau (oben). Unten rangiert dieselbe Lok in Elzach.

Am Kaiserstuhl

Ein liebenswert-buntes Bild an Fahrzeugen bot sich dem Besucher in den sechziger Jahren bei der Kaiserstuhlbahn in Endingen.

Im Frühjahr, wenn die Sonne sich noch verhalten zeigt, zieht es die Freiburger zum Kaiserstuhl. Er hat die höchste Jahresdurchschnittstemperatur und ist damit das wärmste Gebiet in Deutschland. Die Gebirgsformation inmitten der Rheinebene ist für Geologen, Botaniker, Historiker und Weinkenner eine wahre Fundgrube. Aber auch für Eisenbahnfreunde. Die Kaiserstuhlbahn zwischen Riegel Staatsbahnhof, Endingen und Gottenheim wurde am 15. Dezember 1894, zwischen Endingen und Breisach am 7. September 1895 eröffnet. Heute ist die Kaiserstuhlbahn ein zukunftsorientiertes Unternehmen, das seine modernen Fahrzeuge nicht nur am Kaiserstuhl, sondern auch auf der Strecke Freiburg – Breisach einsetzt und in einer vorbildlich geführten Werkstätte in Endingen unterhält. Die Fahrzeuge dieser Seiten waren teilweise bis in die späten sechziger Jahre im Einsatz und beweisen, welcher Wandel sich seither vollzogen hat.

Bis Mitte der fünfziger Jahre dominierten Dampflokomotiven auf der Kaiserstuhlbahn. 1950 wurden drei württembergische T 6, Baureihe 92^0, von der DB übernommen und vor den bis Freiburg durchlaufenden Zügen eingesetzt. Sie bekamen die Loknummern 391, 393 und 394. Die Aufnahme oben zeigt Lok 391 in Bahlingen. Lok 335, Baujahr 1894, (oben rechts und links unten) stammte noch aus den „Jugendtagen" der Bahn. An einem trüben Novembertag 1953 war sie mit einem Personenzug in Riegel angekommen. Ihre Tage waren zu diesem Zeitpunkt fast gezählt, sie wurde 1954 ausgemustert. In der Einmündung der Kaiserstuhlbahn in den Bahnhof Gottenheim stand noch bis 1970 dieses original-badische Einfahrsignal (unten).

1956 wurden die Diesellok V 44.01 von Krauss-Maffei (links) und der Triebwagen T 23 von MAN in Dienst gestellt. Gemeinsam mit den älteren Triebwagen T 22 und T 24 konnte nun der Planverkehr übernommen werden. Dampflokomotiven wurden nur noch bei Ausfall eines Dieselfahrzeuges eingesetzt. Lok 394 (oben) war bis 1963 als Reserve betriebsbereit. Sie blieb bis 1972 abgestellt in Endingen und wurde später an einen Freizeitpark verkauft.

In den sechziger Jahren übernahmen die modernen MAN-Schienenbusse nach und nach den gesamten Plandienst. Die 1964 abgelieferten Steuerwagen VS 50 und 51 ermöglichten komplette Triebwagenzüge mit kurzen Wendezeiten. 1966 und 1967 folgten noch die beiden MAN-Triebwagen VT 27 und VT 28, so daß die alten T 22 und T 24 in die Reserve abwandern konnten. Zugkompositionen wie oben gehörten jahrelang zum Alltag auf der Kaiserstuhlbahn. Rechts die Betriebswerkstätte Endingen, die ab 1973 die Unterhaltung der Fahrzeuge der Münstertalbahn übernahm, da die Strecke nach Sulzburg – und damit die Werkstätte Sulzburg – stillgelegt wurde.

Seine Vergangenheit als VT konnte dieses Fahrzeug nicht verbergen. Bis zur Ausmusterung 1972 war es als Wagen 30 eingesetzt. Rechts von oben: Packwagen 36 von 1882, ein Güterwagen G 10, Packwagen 1044 von 1886 und ein Loktender als Sprengwagen.

1969 endete mit der Abstellung der Lok 384 die Zeit der Dampflokomotiven. Einige Jahre lang stand sie zusammen mit Lok 394 in Endingen, bevor sie – von den Eisenbahnfreunden Breisgau aus ihrem „Dornröschenschlaf" erweckt – Zuglok des „Rebenbummlers" wurde.

Im mittelbadischen Raum zwischen Lahr, Kehl, Offenburg und Rastatt gab es – teilweise noch in den sechziger Jahren – ein umfangreiches Meterspurnetz der Mittelbadischen Eisenbahn. An die längst vergangenen Tage des Bähnchens möchte diese Aufnahme erinnern. In Ottenheim – einige Kilometer westlich von Lahr – durchfährt der Zug soeben die Ortsmitte, zunächst zur Gaststätte Hirsch, vor der sich ein Haltepunkt befand, an der Kirche mit dem Kriegerdenkmal vorbei – siehe die Aufnahme – und weiter zum Bahnhof Ottenheim. Allmannsweier und Langenwinkel waren die nächsten Stationen, bevor „die Fuhre" Lahr erreichte. Hier bestanden direkte Anschlüsse mit der DB in Richtung Freiburg.

Bad Krozingen Staufen Sulzburg Untermünstertal

Seit 1955 gibt es durchlaufende Züge Untermünstertal – Bad Krozingen – Freiburg. VT 104 (Baujahr 1955) – links in Freiburg Hbf auf der Rückfahrt nach Bad Krozingen und unten, noch mit der ursprünglichen Beschriftung, im alten Bahnhof Bad Krozingen – war viele Jahre bei der Münstertalbahn stationiert.

Rechts: Das hübsche Städtchen Staufen und seine mächtige Burgruine sind erhalten gebliebene Zeugen der weit zurückreichenden Geschichte des Breisgaus. Erinnert die Aufnahme nicht unwillkürlich an Goethes „Faust", der sich hier mit jenem Unhold anlegte, der das Weihwasser so sehr fürchtete? Unmittelbar hinter dem Bahhof Staufen überquert eine Gitterbrücke das Flüßchen Möhlin, das allerdings nach Unwettern oder zur Zeit der Schneeschmelze zum reißenden Strom werden kann.

Aufgeschlossen und zukunftsorientiert zeigt sich heute die Münstertalbahn. Das war nicht immer so. Nach jahrelangem Gerangel um Geld und Linienführung konnte die 11 Kilometer lange Strecke Krozingen – Staufen – Sulzburg am 20./21. Dezember 1894 eröffnet werden. Angesichts des wirtschaftlichen Erfolges der neuen Bahnlinie erwog die Gemeinde Münstertal einen Anschluß an die Strecke Staufen – Krozingen. Am 1. Mai 1916, inmitten des Ersten Weltkrieges, keine 40 Kilometer von der Front in den Vogesen entfernt, wurde der knapp sechs Kilometer lange Streckenabschnitt Staufen – Untermünstertal eröffnet. Der Name „Münstertalbahn", zunächst nur für diesen Abschnitt entstanden, wurde bald auch für die Stammstrecke nach Sulzburg zum Begriff. Nur mühsam erholte sich die kleine Bahn von zwei Weltkriegen, Wirtschaftskrisen und Inflationen. Erst nach der Währungsreform 1948 konnte an Instandsetzungen und Erneuerungen gedacht werden. Doch da tauchte eine neue Konkurrenz auf. In den Jahren um 1960 begann das große Sterben der kleinen Bahnen, die dem stetig zunehmenden Kfz-Verkehr nichts mehr entgegenzusetzen hatten. Die Transportleistungen wurden immer geringer. Die Unterhaltungswerkstatt Sulzburg wurde zur Kaiserstuhlbahn nach Endingen verlegt und die Strecke Staufen – Sulzburg, seit 1969 auf Busbetrieb umgestellt, stillgelegt. Für die erhalten gebliebene Strecke Bad Krozingen – Untermünstertal ist die Zeit der Stagnation vorbei. Moderne Fahrzeuge, moderne Betriebsgebäude, eine zeitgemäße Betriebsführung und die Regio-Karte haben viele Autofahrer auf die Schiene zurückgeholt und wieder zu treuen Bahnkunden werden lassen.

Das Betreten
der Brücke ist
verboten.

Geradezu malerisch lag der Haltepunkt Grunern unter mächtigen Kastanienbäumen.

1955 wurde der Reisezugbetrieb auf der Münstertalbahn verdieselt. Für den Personenverkehr waren VT 3 (oben in Staufen) und VT 7 (rechts) – im Sommer 1960 in Ballrechten-Dottingen auf der besonders lieblichen Strecke nach Sulzburg – zuständig. VT 3 wurde 1961 zum Schlepptriebwagen umgebaut und verbannte damit die kleine Dampflok 7 auf das Abstellgleis.

Die Aufnahme auf der rechten Seite zeigt Lok 7 im Frühling 1959 in Sulzburg. Nach ihrer Abstellung wurde sie glücklicherweise nicht verschrottet. Als Denkmal steht sie seit Ende der sechziger Jahre auf dem Pausenhof des Staufener Gymnasiums.

Sulzburg war Endstation und Unterhaltungswerkstatt für die Fahrzeuge der Münstertalbahn. Im Frühling 1959 herrschte hier eine rege Betriebsamkeit. Aus den Anfangstagen der Bahn war sogar noch Lok 3 – auf der rechten Seite – vorhanden. Sie wurde jedoch noch im selben Jahr verschrottet. Der zunehmende Individualverkehr brachte im Laufe der sechziger Jahre die Münstertalbahn, besonders jedoch die Strecke nach Sulzburg, in Bedrängnis. 1969 wurde daher zunächst der Personenverkehr auf Busse umgestellt, aber es war nur der Anfang vom Ende. Staufen – Sulzburg mußte 1973 endgültig stillgelegt werden und wurde bis 1975 abgebaut.

Die Strecke nach Untermünstertal führt aus der Rheinebene heraus direkt in den Schwarzwald hinein, dessen Vorberge vom 1400 Meter hohen Belchen überragt werden. Der Charakter der Landschaft ändert sich, und alte Schwarzwaldhöfe tauchen auf. Immerhin 90 Meter Höhenunterschied müssen auf den wenigen Kilometern von Staufen nach Untermünstertal bewältigt werden. Links oben der Endbahnhof Untermünstertal, darunter der Haltepunkt Etzenbach.
Im oberen Münstertal steht der Gasthof Spielweg, von 1866 bis 1936 Postagentur und Umspannstation für die Pferde. Bis zum Ende der Postbusse gehörte die Straße von Schönau her zu den klassischen Postbuslinien, die das Wiesental mit dem Rheintal und Freiburg verbanden und selbstverständlich traditionsgemäß „vor dem Spielweg“ einen Halt einlegten. Die Aufnahme entstand 1957.

Müllheim – Badenweiler

Kurz vor der Verschrottung konnte ich noch einige der abgestellten Fahrzeuge vor dem Bahnhof Müllheim aufnehmen. Die Wagenhalle am Bahnhof Müllheim wurde erst 1997 abgebrochen.

Aus heutiger Sicht fällt es schwer zu verstehen, daß 1955 eine elektrifizierte Bahnlinie stillgelegt wurde, um die man bei den heutigen Verkehrsverhältnissen sicher froh wäre. Da die Badische Hauptbahn etwa zwei Kilometer westlich an Müllheim vorbeiführte, planten die benachbarten Gemeinden Müllheim und Badenweiler, mit einer Kleinbahn die Verbindung zur Staatsbahn herzustellen. Die Bahn sollte hauptsächlich dem Personenverkehr, den Touristen und Badegästen dienen. 1895 wurde eine Konzession für 50 Jahre erteilt und mit dem Bau begonnen. Am 15. Februar 1896 wurde der Betrieb der 1000-mm-Bahn mit kleinen Dampflokomotiven eröffnet, aber bereits am 7. April 1914 fuhr der erste elektrische Zug in das alte Römerbad Badenweiler. Das Verkehrsaufkommen entwickelte sich so gut, daß schon bald Erweiterungen der Anlagen geschaffen werden mußten, um zu allen Staatsbahnzügen die Anschlüsse sicher zu stellen. Als besonders hinderlich stellten sich im Laufe der Zeit die engen Ortsdurchfahrten heraus. Trotz der immer nach wie vor bedeutenden Beförderungsleistungen zeigte 1954 niemand ein Interesse an der Weiterführung der Eisenbahn. Die Straße hatte gewonnen. Am 22. Mai 1955 wurde der Bahnbetrieb zum Bedauern der Bevölkerung, bei der „das Bähnle" sehr beliebt war, eingestellt. Noch 1953 fuhren mit ihm 680.000 Fahrgäste.

Mit dem Postbus über den Schauinsland nach Todtnau zur Schmalspurbahn

Nur der 1284 Meter hohe Schauinsland, der zur Gemarkung Freiburg gehört und daher auch Hausberg genannt wird, trennt Freiburg von Todtnau im Wiesental. Die Postbusse der Linie Freiburg – Todtnau – Schönau fuhren über Kirchzarten und Oberried auf den Schauinsland und stellten so für die Menschen dort oben die wichtigen Verbindungen ins Wiesental oder nach Freiburg her. In Kirchzarten gab es auch die Anschlüsse mit der Höllentalbahn. Im Weihnachtsverkehr 1962 fuhren gleich zwei Busse – ein Mercedes-Benz O 320 H (vorne) sowie ein Mercedes-Benz O 5000 über den Schauinsland in Richtung Freiburg. Links, halb verdeckt, ein BMW 500, die viersitzige Version der Isetta.

Die Schmalspurstrecke von Zell nach Todtnau verlief auf ihrer ganzen Länge entlang der Wiese, einem am Feldberg entspringenden Gebirgsfluß. Hübsche Ortschaften und herrliche, alte Bauernhöfe in der typischen Schwarzwaldlandschaft prägen sich als unvergeßliche Bilder ein. In den Wintermonaten war der Betrieb auf der geographisch schwierigen Bahnlinie alles andere als leicht. Mallet-Lok 105, Baujahr 1918 (oben), hat im Winter 1962 alle Mühe, ihren Zug nach Todtnau zu bringen, während die aus den Anfangstagen der Bahn stammende kleine Lok 74 (unten, Baujahr 1888) an diesem Tag mit dem Schneepflug für freie Gleise zwischen Zell und Todtnau zuständig war.

Die Normalspurstrecke Basel – Schopfheim war 1862 fertiggestellt und wurde 1876 bis Zell im Wiesental verlängert. Um die Konkurrenzfähigkeit der zahlreichen kleinen und mittleren Betriebe zu erhalten, richteten die Gemeinde Todtnau und weitere Ortschaften im oberen Wiesental an die Badische Staatsregierung eine Petition, in der sie um die Bewilligung eines Staatszuschusses zum Bau einer Nebenbahn von Zell nach Todtnau nachsuchten. Der Bitte wurde stattgegeben, die Arbeiten begannen 1887.

Erhebliche Schwierigkeiten entstanden nicht nur durch die großen Höhenunterschiede der Endpunkte, sondern auch beim Erwerb des zum Bahnbau notwendigen Geländes, das sogar Enteignungen notwendig machte. Offensichtlich konnte sich so mancher dickschädelige Schwarzwaldbauer nicht so recht „mit der neuen Zeit" anfreunden. Schwierig war die Situation besonders für Todtnau, das sich – nach der verheerenden Brandkatastrophe vom Sommer 1876, bei der 149 Gebäude vernichtet und fast 1000 Einwohner obdachlos geworden waren – finanziell noch nicht ganz

erholt hatte. Trotzdem war es knapp zwei Jahre später geschafft: Am 6. Juli 1889 konnte die 1000-mm-Schmalspurbahn in Betrieb genommen werden, deren Bedeutung an dem zur Einweihung angereisten Großherzogpaar gemessen werden kann.

Alle späteren Planungen über eine Verlängerung der Strecke oder gar eines Umbaus auf Normalspur machte der aufkommende Straßenverkehr zunichte. Zu Beginn der dreißiger Jahre gingen die Verkehrsleistungen zunächst zurück, erholten sich aber wieder. Gegen den Individualverkehr der fünfziger Jahre konnte die kleine Bahn jedoch nicht mehr ankommen.

Ab 1960 genügte ein Triebwagen für den Personenverkehr, die Güterleistungen sanken auf wenige aufgeschemelte Wagen pro Tag. Am 25. September 1966 wurde der Personenverkehr eingestellt, genau ein Jahr später der Gesamtverkehr. Im November 1967 wurde mit dem Abbau der Gleisanlagen begonnen.

T 15 im Winter 1962 im Endbahnhof Todtnau.

Lok 105 während der Verladung von Normalspur-Güterwagen auf Rollböcke in Zell im Wiesental, 1960. Im Hintergrund ist noch die alte badische Oberleitung zu sehen. Die normalspurige Strecke war vor dem Ersten Weltkrieg elektrische Versuchsstrecke der Badischen Staatsbahn.

Unten: In Utzenfeld hat Lok 105 ihren Zielort fast erreicht.

Rechte Seite: Zahlreiche Anwohner und Eisenbahnfreunde verabschiedeten sich bereits im Mai 1967 vom „Todtnauerli". Den Sonderzug von Zell nach Todtnau zog die „alte Bekannte", Lok 105. Wohl selten standen so viele Fotografen gemeinsam entlang der Strecke, um zum letzten Mal dieses einmalige Bild festzuhalten. Am 16. Oktober 1967 fuhr der Triebwagen T 15 zum letzten Mal, es war die eigentliche Abschiedsfahrt. Vielleicht wünscht sich heute manch einer insgeheim die kleine Bahn als Touristenattraktion zurück.

Jägermeister
Jägermeister

Verkehrsknoten Freiburg

1959 erschienen die ersten Gelenkzüge auf den Gleisen der Freiburger Straßenbahn. Technisch entsprachen sie jedoch noch den Verbandstriebwagen. Eine neue Fahrzeug-Generation kündigte sich mit den GT 4 an, die ab 1962 in großen Stückzahlen beschafft wurden und bis Ende der achtziger Jahre das Bild der Straßenbahn bestimmten. Der neu in Freiburg eingetroffene Tw 103 unternahm seine ersten „Gehversuchen" im Depot Komturstraße. Nur kurz war dagegen der Einsatz eines Büssing-Halbdeckers auf der Buslinie nach St. Georgen. Nachdem die letzten Bus-Anhänger im Dezember 1962 endgültig abgestellt wurden, mußte nach Fahrzeugen Ausschau gehalten werden, die das Fahrgastaufkommen auf stark frequentierten Linien – ohne den Einsatz zusätzlicher Busse – bewältigen konnten. Obwohl sie sich bewährten und die Freiburger für einige Wochen „Höhenluft" schnuppern konnten, viel das Los auf die neuen Gelenkbusse, die alle Anforderungen erfüllten. Anfangs waren sie noch mit Schaffnern unterwegs, so wie hier am Lindenwäldle, das damals noch weit draußen vor der Stadt lag und heute in einem Meer von Häusern und Betrieben untergegangen ist.

Oben: Tw 64 auf der Linie 2 (Günterstal – Zähringen) vor dem Amt für öffentliche Ordnung. Der Stern der Verbandstriebwagen begann jedoch mit der Ablieferung (1962 – 1968) der neuen Gelenkwagen GT 4 zu sinken. An der Kreuzung Baslerstraße – Güntertalstraße sorgte 1959 noch die Polizei persönlich für einen reibungslosen Verkehrsablauf. Unten ein Bus der Linie E Richtung Freiburg-West – damals noch dünn besiedelt – bis 1963 der neue Stadtteil Landwasser aus dem Mooswald gestampft wurde. Ein Büssing 5000 T (oben rechts) der damals noch selbständig firmierenden Schauinslandbahn besorgte den Zubringerdienst zur Talstation, bis im Juli 1963 die Stadtwerke die Schauinslandbahn und damit auch die Buslinie bis Horben übernahmen. Die Schauinslandbahn gilt als technisches Meisterwerk und diente als Vorbild für viele Seilbahnen in aller Welt.

Freiburg (Breisgau) Hbf

Linke Seite: Der Hauptbahnhof war und ist der Mittelpunkt des Verkehrsknotens Freiburg. Hier trifft sich alles, was Räder hat. Auf der linken Seite das Umfeld des „provisorischen“ Empfangsgebäudes. An den Mauern (hinter dem Postbus-Anhänger) erkennt man sehr gut, daß die Reste des zerstörten ersten Bahnhofs in den Neubau mit einbezogen wurden. Darunter ein Blick über den Busbahnhof hinweg zum Tw 50 der Straßenbahn, der auf der Linie 4 nach Littenweiler fuhr, während 85 010 – vom Bahnbetriebswerk kommend – an ihren Zug fährt.
Diese Seite: Rechts donnert 01 013 mit aller Kraft vor F 10 „Rheingold-Express“ in Richtung Basel los, vorbei an den wartenden Loks 75 153 und 92 301. Unten links: 1958 begann mit den neuen VT 11^{5} eine neue Ära des Schnellverkehrs in Deutschland: Einfahrt des TEE 77 „Helvetia“ in Freiburg, dahinter 75 300 und 75 250. Unten rechts VT 10 551 als F 50 „Komet“ im Mai 1957 in Höhe der Wiesentalstraße, rechts der Lorettoberg und sein Aussichtsturm.

Oben: Blick aus dem VT 95 9124 auf die vor einem Eilzug in Richtung Basel stehende 38 2887 am 4. April 1957 im Hauptbahnhof. Wie schön wäre es gewesen, wenn in diesem Augenblick eine Straßenbahn der Linie 5 die Stühlinger Brücke überquert hätte. Aber es sollte nicht sein. Wenig später war der Eilzug abgefahren – und wir kurz danach im Blockabstand.

Zusammen mit weiteren Maschinen derselben Baureihe war 92 301 (links oben) für den Rangierdienst im Haupt- und Güterbahnhof zuständig, hier steht sie mit Güterwagen an der Gleiswaage am Expreßgutschuppen.

Links: Der Hauptbahnhof 1960, im 125. Jahr der deutschen Eisenbahnen. Kennen Sie noch die Fahrzeuge? Goggomobil, Kreidler-Moped, Opel Kapitän, Tempo-Lieferwagen, Fiat-Europa und ein Büssing-Bus der DB.

Szenen im 125. Jahr der deutschen Eisenbahnen. 75 420 (unten) hatte mit dem Personenzug aus Breisach den Anschluß zum F 9 „Rheingold" geschafft, der Freiburg Hbf um 14.48 in Richtung Basel verließ. Zwei Stunden später bekam auch VT 08 501 als Ft 44 „Roland" das Abfahrsignal vom Aufsichtsbeamten.

Der Hauptbahnhof aus der Vogelperspektive im Sommer 1963. An den Bahnsteigen sind zwei E44 zu erkennen. Der weiße Bus vor dem Omnibusbahnhof bediente die Linie Herdern – Haslach, auf der im Januar 1962 der Straßenbahnverkehr eingestellt wurde. Die Aufnahmen oben und unten rechts entstanden im Mai 1960 vom Gebäude der Handwerkskammer aus. Straßenbahnen, Busse und Züge vermitteln das Verkehrsgeschehen dieser Zeit, in der die Menschen (endlich) wieder das Geld zum Reisen hatten.

Der Winter 1963 war besonders kalt und schneereich, aber den „echten Eisenbahnfreund" kann auch diese Witterung nicht von einer Fototour abhalten. E 10 170 vor F 163 „Loreley-Expreß" hat soeben in Richtung Basel „Ausfahrt frei" bekommen.
Unten links ein Blick über die Bismarck-Allee und den Hauptbahnhof zum Stadtteil Stühlinger, der noch von der Löwen-Brauerei überragt wurde. E 44 1169 (unten rechts) steht eine Fahrt ins Höllental bevor, von der sie wohl noch vereister zurückkommen wird.

Das Bahnbetriebswerk

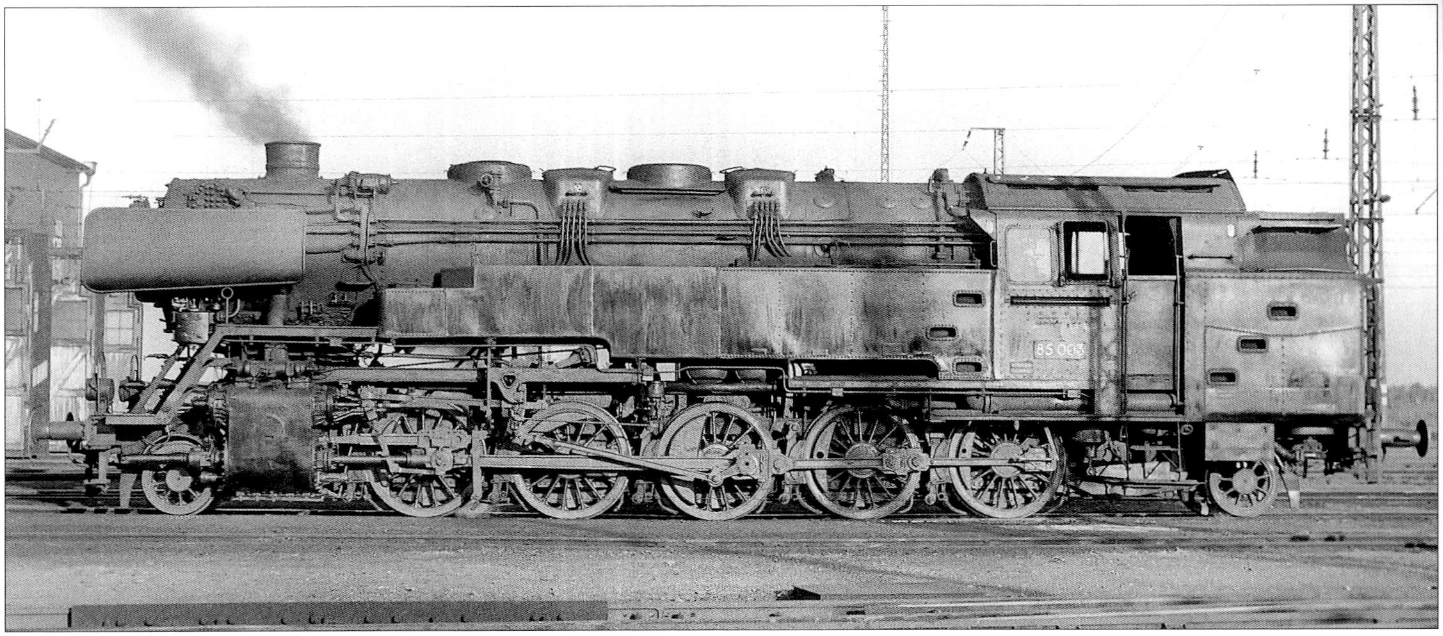

Nur auszugsweise kann die große Zahl und Vielfalt der Lokomotiven wiedergegeben werden, die in den Freiburger Bahnbetriebswerken zu Hause waren. Oben links eine Lok der Baureihe $75^{4,10\text{-}11}$, die überwiegend auf den Strecken nach Breisach und Elzach zum Einsatz kam. Zuständig für den harten Betrieb auf der Höllentalbahn war – gemeinsam mit den E 244 – die Loks der Baureihe 85. Sie waren die größten in Deutschland gebauten Tenderlokomotiven, von denen glücklicherweise 85 007 erhalten blieb. Auf der rechten Seite ein Blick aus der Vogelperspektive im Frühjahr 1963 auf das Bahnbetriebswerk mit vielen Fahrzeugen. Interessant ist auch das „Drumherum". Im Jahr zuvor war der Badische Verlag aus dem Herder-Bau in die neuen Gebäude an der Ecke Lörracher/Basler Straße umgezogen, die Straßenführung ist noch unverändert, und es gab viele Grünflächen.

Beim Umbau des Schuppens 1968 wurde der ungedeckte Teil neu überdacht, und der überdachte Teil mit der – hier nicht sichtbaren – Schiebebühne freigestellt. Die Elloks der Baureihe E 44 bestimmten jahrelang das Betriebsgeschehen in Freiburg und seiner Umgebung. Die beiden Maschinen links unterscheiden sich jedoch von den Regelloks. Als E 44 188 und E 44 189 kehrten 1966 die beiden ehemaligen 50-Hertz-Loks E 244 11 und 22 in ihre alte Heimat Freiburg zurück. Nur zu Besuch in Freiburg waren dagegen die Dampflokomotiven der Baureihe 39, hier im September 1957. Pumpenschlosser Erwin Gutmann hatte einige Reparaturen an der Lok auszuführen. In der Mitte der ausgebaute Fahrmotor einer E 44, aufgenommen im Spätjahr 1968.

Das umgebaute Bahnbetriebswerk im September 1968. In dieser Zeit führte die DB ein neues Nummernsystem für Lokomotiven ein. So wurden beispielsweise aus den Loks E 44 1154 und E 44 1167 die 145 154 (oben) sowie 145 167 (unten) oder aus der V 100 1332 (rechts) die 211 332.

E 32 (rechts) gehörten buchmäßig zwar nach Freiburg, wurden jedoch wegen ihrer zu geringen Höchstgeschwindigkeit nicht auf der Rheintalstrecke, sondern vom Bw Haltingen aus im Wiesen- und Wehratal eingesetzt. Die Ausmusterung der Maschinen erfolgte gegen Ende der sechziger Jahre. Das Bahnbetriebswerk Freiburg war die erste Dienststelle in der Bundesbahndirektion Karlsruhe,

in der 1963 die Unterhaltung von Dampflokomotiven endete. Sie wurden von Dieselloks der Baureihen V 60 (Verschiebedienst) und V 100 (für die Strecken nach Breisach und Elzach) abgelöst. Oben die neu nach Freiburg gelieferte V 100 1332. Rechts ein symbolischer Blick vom Führerstand dieser Lok auf den Kohlenbansen mit der restlichen Lokomotivkohle.

Bahn und Post

Linke und diese Seite: 1968 wurde das Bahnbetriebswerk Freiburg modernisiert, neu eingedeckt und gleichzeitig die aus der Dampflokzeit stammenden Schornsteine abgetragen. Die Post zog mit ihren Fahrzeugen von der Stefan-Meier-Straße in die großzügigen neuen Anlagen im Dreieck Heinrich-von-Stephan-Straße – Basler Straße – Eisenbahn um. Der Postbahnhof aus den dreißiger Jahren (rechts) wurde 1984 durch eine moderne Halle ersetzt. Die in vielen Jahren gewachsene, kundenfreundliche Einheit zwischen Post und Bahn endete 1997 mit dem Ende des Bahnpostverkehrs. Geblieben sind lediglich die Post-Container-Züge. Die Zeiten, als die Post ihre eigenen Loks zum Verschub benötigte, sind endgültig vorbei.

Der Güterbahnhof

Oben der Jugendstil-Wasserturm, unten der Abzweig Heidenhof, der die Verbindung vom Güterbahnhof zum Hauptbahnhof ermöglicht.

Der Güterbahnhof liegt an der zweigleisigen Hauptbahn-Abzweigstelle Gundelfingen – Abzweig Leutersberg. Die gesamte Anlage – Lokschuppen, Stellwerke, Betriebsgebäude, der Wasserturm und die Brücke über das Gleisfeld (Kaiserstuhlstraße) – wurde in schönstem Jugendstil errichtet und 1905 eröffnet (siehe auch Seite 13). Nach dem Zweiten Weltkrieg hob man das Bw Freiburg Rbf als Heimat-Dienststelle für Lokomotiven auf und funktionierte es zur Ausbesserungswerkstätte für Güterwagen um. Die gesamte Infrastruktur für Lokomotiven blieb jedoch erhalten, da viele Güterzüge im Güterbahnhof endeten oder ihren Ausgangspunkt hatten. 44 122 wendete im Frühjahr 1954 auf der Drehscheibe vor dem Lokschuppen. Das weitverzweigte Gleisfeld, die Lokomotiven, Güterzüge, Lagerhäuser und Schuppen fanden schon sehr früh mein besonderes Interesse. Im Alter von etwa vier Jahren unternahm ich meinen ersten selbständigen „Hobby-Ausflug" hierher, dem die von den Eltern alarmierte Polizei erst gegen 22.00 Uhr abends ein Ende bereitete. Daß diesem „gelungenen" Alleingang weitere folgten, müßte eigentlich nicht extra erwähnt werden.

Unter der Brücke „eingeklemmt" war das Stellwerk VIII am Ablaufberg Süd.

Bei Rangierunfällen war die am Güterbahnhof stationierte Bahnfeuerwehr rasch zur Stelle.

Bahnkunden ohne Gleisanschluß wurden mit dem Straßenroller bedient.

Das Gaswerk hatte für die zahlreich anfallenden Kokswagen eigene Gleisanschlüsse zum Gbf.

Freiburg-Wiehre

Ein beliebter Bahnhof der Freiburger war und ist Freiburg-Wiehre. In den dreißiger Jahren großzügig angelegt, erfüllt er auch heute noch alle Anforderungen, obwohl in den letzten Jahren ein großer Teil seines einst umfangreichen Gleisfeldes entfernt wurde. In den fünfziger Jahren gab es diesbezüglich noch keine Einschränkungen. 85 006 (oben) setzte sich im Frühjahr 1957 mit einem Personenzug in Richtung Höllental in Bewegung, in den Güterwagen hinter der Lok dürfte die Post untergebracht gewesen sein. Auch die Aufnahme unten rechts mit 85 002 vor dem Eilzug nach Ulm entstand im Bahnhof Wiehre. Das Umfeld des alten Wiehrebahnhofs (unten) hat sich zwar gründlich verändert, aber er erinnert auch heute noch an längst vergangene Eisenbahn-Zeiten, der Güterschuppen (links) wurde 1972 abgerissen.

Freiburg-Wiehre war auch Entladestation für Zirkus- und Messezüge. Besonders bei der Ankunft von Zirkuszügen waren oft ganze Kinderscharen („große“ und kleine) anwesend, die dem Entladen zuschauten und die Tiere bis zum „Messplatz“ (so heißt er in Freiburg) begleiteten. Heute ist ein großer Teil des Wiehrebahnhofs ohne Gleise. An seine einstige Größe und Vielfalt der Funktionen sollen diese Aufnahmen erinnern.

Littenweiler – Höllental

Der Ruf „bitte die Türen schließen“ ist heute schon fast vergessen, ebenso das Abfahrtsignal mit der Kelle. In Freiburg-Littenweiler war man damals an der Stadtgrenze. Die Straßenbahn – hinten gerade noch zu sehen – setzte kurz vor der Schranke um, zwischen den Schrankenbuden steht noch ein Läutewerk, und der Stationsvorsteher konnte es nicht fassen, daß ihn ein junger Eisenbahnfreund fotografieren wollte, was der Zugführer im ET 255 01 lächelnd bestätigte. Die Aufnahme entstand im März 1959.

Oben: Ebenfalls im März 1959 hatte E 244 11 mit ihrem Personenzug aus Freiburg das Dreisamtal durchfahren und Himmelreich erreicht. Die ersten Blüten deuteten auf den bevorstehenden Frühling hin. Ein Jahr später, im Mai 1960, endete der 50-Hertz-Betrieb im Höllental.

Hirschsprung war zwar nicht ganz die Mitte der Höllentalbahn, stand jedoch immer – besonders zu Zeiten des Zahnradbetriebes und später der Eisenbahnfreunde – im Mittelpunkt des Geschehens. Das Ausfahrsignal bergwärts stand aus Platzmangel auf der linken Seite. Das Personal der 85 001 sorgte dafür, daß es dem Fotografen im nächsten Augenblick – im wahrsten Sinne des Wortes – „schwarz vor Augen“ wurde.

Mit der Höllentalbahn unterwegs zu sein ist auch heute noch ein Erlebnis. Im Sommer 1965 hat unser Zug soeben den Bahnhof Hirschsprung verlassen und wird gleich mit einem lauten Lokpfiff in den Kehretunnel einfahren. Interessant ist auch die alte Bundesstraße 31 und ihre Fahrzeuge. Rechts ein Blick in den Führerstand der E 44 1167 mit Lokführer Franz Siefritz.

Von Lahr über Emmendingen nach Freiburg

Lahr-Dinglingen ist die „nördlichste" Station unserer Reise in die Umgebung Freiburgs. Hier begann oder endete – je nachdem von woher man kam – die MEG-Schmalspurbahn, mit der über Altenheim die Endpunkte Offenburg oder Kehl erreicht werden konnten (siehe Seite 73). Auf der östlichen Seite gab es eine Stichbahn nach Seelbach. Auch Orschweier und Ettenheimmünster – einige Kilometer südlich Lahr – verband einst eine Kleinbahn. Am 3. Juni 1956 wurde in Herbolzheim (unten links) der erste – von E 44 057 geführte – elektrische Zug zwischen Freiburg und Offenburg gebührend empfangen. Die hinten heranbrausende 39er wird allerdings im nächsten Augenblick den „Gesangsverein" deutlich übertönen. Im Jahr zuvor entstanden die Aufnahmen unten aus dem von 01 1059 geführten Schnellzug zwischen Offenburg und Freiburg bei Köndringen, und gleich nebenan auf der nächsten Seite bei Emmendingen mit Blick auf einen entgegenkommenden Triebwagen der Baureihe SVT 06 als Ft 7 und den herrlichen Schwarzwald- bergen mit dem 1200 Meter hohen Kandel.

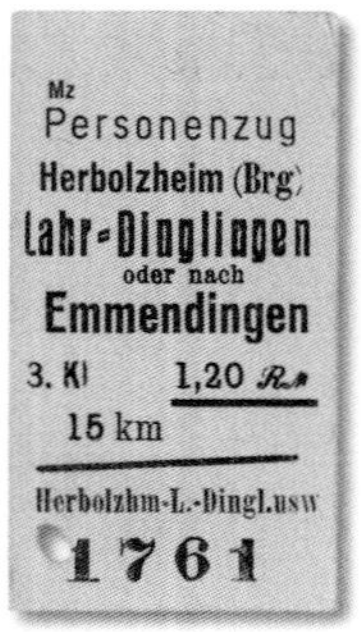
Mz
Personenzug
Herbolzheim (Brg)
Lahr-Dinglingen
oder nach
Emmendingen
3. Kl 1,20 RM
15 km
Herbolzhm-L.-Dingl.usw
1761

Mz
Personenzug
Emmendingen
Köndringen
oder nach
Kollmarsreute
3. Kl (2) 0,30 DM
4 km
Emmend.(2)-Köndr usw
2368

Ein kurzer Aufenhalt im Bahnhof Emmendingen im Juni 1955: Während 44 1218 auf ein Ausweichgleis rollt, um von einem Reisezug überholt zu werden, donnerte 39 009 mit einem Schnellzug in Richtung Freiburg vorbei. Ein Jahr später, am 6. Juni 1956, kam unserem Zug die Offenburger 44 1198 vor einem Güterzug bei Riegel entgegen.

Unterhalb der Brücke, die zwischen Zähringen und Gundelfingen über die Hauptbahn ins Wildtal führt, steht auch heute noch das ehemalige Bahnwärterhaus. Im Frühjahr 1955 standen hier die großen Telegrafenmasten nur noch kurze Zeit, die Elektrifizierungsarbeiten hatten zwischen Freiburg und Offenburg bereits begonnen. Schon aus dem langgezogenen Gundelfinger Gleisbogen heraus – in dem auch die Güterumgehungsbahn nach Leutersberg abzweigt – hörte man 01 1056 mit einem langen Schnellzug herandonnern. Bei 38 3322 ging es zwar nicht ganz so schnell, aber auch sie mußte mit ihrem Eilzug Freiburg Hbf pünktlich erreichen.

Von Müllheim und Neuenburg nach Freiburg

Im Gegensatz zu Breisach wurde die Rheinbrücke in Neuenburg wieder aufgebaut. Zwischen Neuenburg, Müllheim/Baden und Freiburg waren jahrelang die betagten ET 85 unterwegs. Die durchgehenden Züge nach Mulhouse/Mülhausen im Elsaß wurden ab Neuenburg von französischen Dampflokomotiven, ab 1969 von Dieselloks übernommen. ET 25 (rechts unten) verkehrten zwischen Müllheim und Basel sowie im Wiesen- und Wehratal. Bei einer Frühlingsfahrt durch das Markgräflerland und den südwestlichen Schwarzwald im Raum Müllheim – Badenweiler im April 1957 entstand die Aufnahme mit dem Büssing-Bahnbus, der die amerikanische Zonen-Autonummer trägt – die zuständige Bundesbahndirektion Karlsruhe gehörte dorthin. Freiburg hatte die Anfangsbuchstaben FB 03.

Müllheim war immer eine wichtige Bahnstation an der Hauptbahn. Auch manche Schnellzüge unterbrachen hier für kurze Zeit ihre Reise in Richtung Freiburg oder Basel. 01 1054 vor D 275 (Müllheim ab 18.35 Uhr) setzt sich soeben in Bewegung. Die ganze Nacht über wird dieser Zug unterwegs sein und um 7.19 Uhr in Hamburg Hbf ankommen. Für 01 091 und 01 073 vor F 164 „Loreley-Expreß" standen die Signale jedoch auf freie Fahrt. Sie hatten ihren Zug in 49 Minuten von Freiburg nach Basel zu bringen, wobei berücksichtigt werden mußte, daß erst mit der Elektrifizierung die Gleise gründlich erneuert und die letzten Kriegsschäden beseitigt wurden. Heute fahren die Züge noch immer über dieselbe, teilweise sehr kurvenreiche Strecke. Auch Jahre nach der Elektrifizierung reichten die Elloks nicht aus, die Dampflokomotiven im Fernverkehr abzulösen. Auf der Fahrt mit einem der Freiburger Schienenbusse nach Basel 1958 begegnete uns 39 011 mit einem Eilzug in Buggingen (links). Für einen Augenblick hätte man meinen können, der Luftdruck der schweren und schnellfahrenden Dampflok pustet unser leichtes Fahrzeug von den Schienen herunter …

In Schallstadt ist man fast schon in Freiburg. So unternahm ich mit dem Fahrrad manchen kurzen Ausflug hierher zur B-3-Brücke, von der sich die Züge bestens aufnehmen ließen. Durch die langgezogenen Gleisbögen von Ebringen her mußte der Bahnhof Schallstadt verhältnismäßig langsam durchfahren werden, so daß es mit der etwas längeren Belichtungszeit meines einfachen Fotoapparates kaum Schwierigkeiten gab. Der Schönberg bot sich – wie eine Kulisse im Theater – als besonders schöner Hintergrund an. Oben links verläßt 75 401 vor einem Personenzug den Bahnhof Schallstadt in südliche Richtung, nächster Halt wird Norsingen sein. Daneben ein Blick in den Dienstraum des Bahnhofs Schallstadt, mit Einrichtungen, die längst der Vergangenheit angehören. Mein „Lieblingsfoto" ist jedoch die Aufnahme links vom 17. Mai 1957. 01 1059 fährt hier wenige Tage vor ihrer Umbeheimatung von Offenburg nach Osnabrück mit einem Schnellzug nach Basel durch Schallstadt. Rechts steht 75 295 vom Bw Freiburg vor einem Arbeitszug.

Man muß schon zweimal hinsehen, um zu erkennen, wo die Aufnahmen dieser Seite entstanden sind. Ein Blick vom Aussichtsturm auf dem Lorettoberg Mitte der fünfziger Jahre in Richtung Uffhausen/St. Georgen/Wendlingen macht das ganze Ausmaß der Veränderungen in den vergangenen 40 Jahren deutlich. Wo damals Wiesen und Felder lagen, gibt es heute keinen unbebauten Quadratmeter Fläche mehr. Im Hintergrund erkennt man den dunklen Waldgürtel des Mooswaldes, den keine breiten Straßen und keine Autobahn unterbrechen. Den optischen Abschluß bildet der flache Höhenzug des Tunibergs, auf dem ganz links die Ehrentrudiskapelle gerade noch zu erkennen ist. Der Schnellzug fährt in Richtung Basel. Die hellen Stellen zwischen den Gleisen deuten auf Vorarbeiten zur unmittelbar bevorstehenden Elektrifizierung hin. Rechts der hübsche Bahnübergang Schneeburgstraße (kurz vor dem Bahnhof Freiburg-St. Georgen) im Sommer 1968. Der MAN-Triebwagen war unterwegs nach Untermünstertal. Hinter dem Bahnhof St. Georgen standen damals noch die mächtigen Türme des aufgelassenen Erzbergwerks aus „tausendjähriger Zeit".